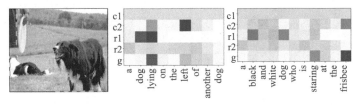

图 2.4　线索特定的语言特征权重示例

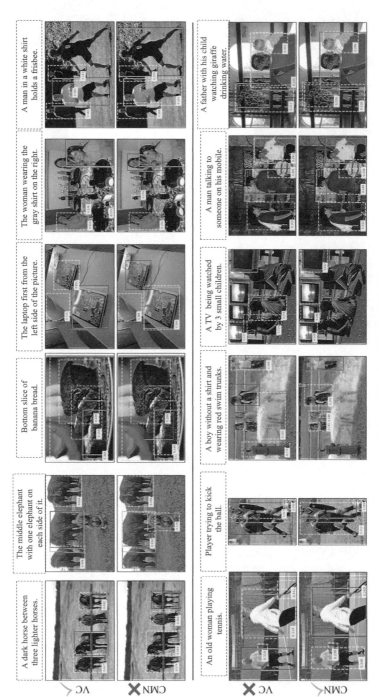

图2.7 VC与CMN可视化结果对比

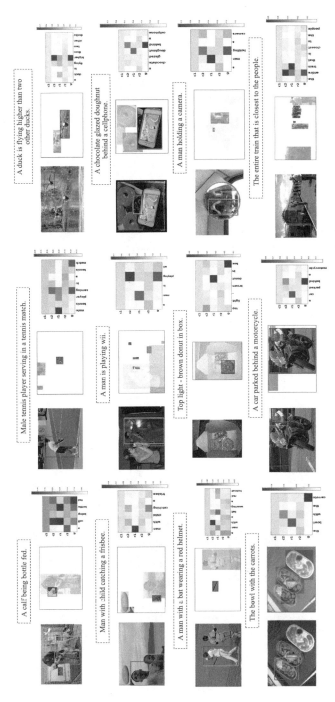

图2.8 全模型在RefCOCOg数据集上的可视化结果

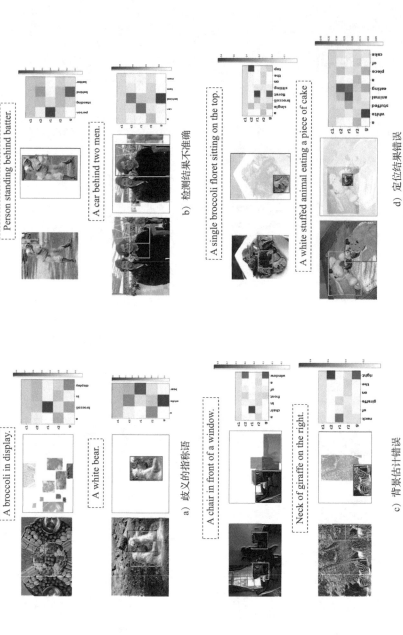

图2.9 全模型在RefCOCOg数据集上的失败示例

图2.10 全模型的指称语生成结果示例

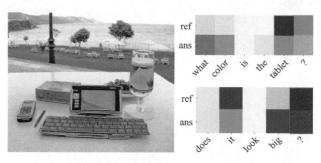

图 3.4 单词注意力权重的可视化示例

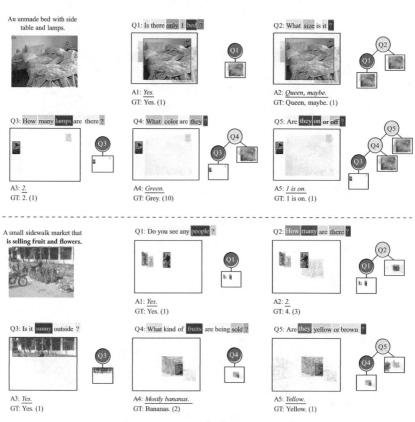

图 3.6 RvA 模型可视化结果（1）

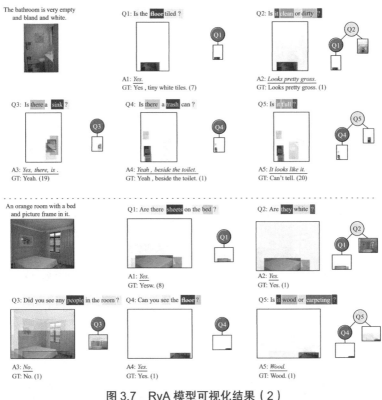

图 3.7 RvA 模型可视化结果（2）

a）训练集

b）测试集

图 4.2 VQA-CP 数据集的分布不一致示例

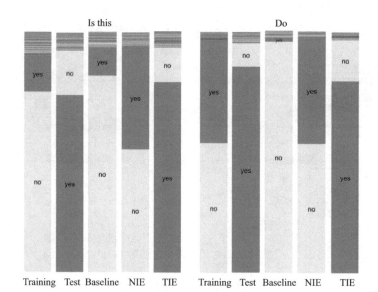

图 4.7　答案分布比较（1）

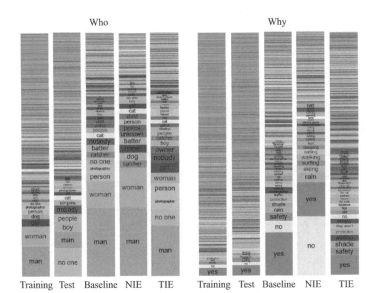

图 4.8 答案分布比较（2）

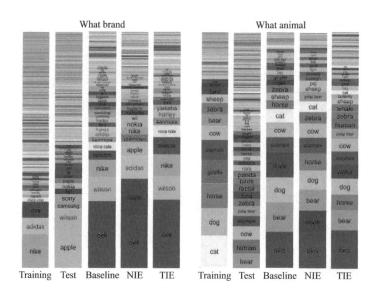

图 4.9　答案分布比较（3）

CCF优博丛书

视觉语言交互中的视觉推理研究

Visual Reasoning
in Vision-Language Interaction

牛玉磊———著

机械工业出版社
CHINA MACHINE PRESS

本书聚焦于视觉语言领域的视觉推理研究问题。视觉语言是计算机视觉与自然语言处理的交叉领域，对机器的感知和认知能力均有较高的要求。随着深度学习的发展和计算能力的提高，机器的感知能力得到了显著提升，于是研究者们开始探索机器的认知能力，尤其是推理能力。

本书从知识建模和知识推断两方面入手，对视觉语言交互任务中的视觉推理问题进行研究。其中，知识建模指通过模型的构建，从视觉媒介和自然语言中提取视觉与语言知识，并进行特征表示；知识推断指机器对视觉和语言两个模态的知识进行综合考虑，并进行无偏的推断与估计。

本书的适读人群为视觉语言、视觉推理领域的科研工作者或对相关领域感兴趣的研究人员。

图书在版编目（CIP）数据

视觉语言交互中的视觉推理研究／牛玉磊著 . —北京：机械工业出版社，2022.12（2024.4 重印）
（CCF 优博丛书）
ISBN 978-7-111-72303-5

Ⅰ. ①视… Ⅱ. ①牛… Ⅲ. ①计算机视觉 Ⅳ. ①TP302.7

中国版本图书馆 CIP 数据核字（2022）第 252848 号

机械工业出版社（北京市百万庄大街 22 号　邮政编码 100037）
策划编辑：戴文杰　　　　　责任编辑：梁　伟　游　静
责任校对：韩佳欣　王　延　封面设计：鞠　杨
责任印制：张　博
北京雁林吉兆印刷有限公司印刷
2024 年 4 月第 1 版第 3 次印刷
148mm×210mm · 5.75 印张 · 6 插页 · 113 千字
标准书号：ISBN 978-7-111-72303-5
定价：49.00 元

电话服务　　　　　　　网络服务
客服电话：010-88361066　机 工 官 网：www.cmpbook.com
　　　　　010-88379833　机 工 官 博：weibo.com/cmp1952
　　　　　010-68326294　金 书 网：www.golden-book.com
封底无防伪标均为盗版　机工教育服务网：www.cmpedu.com

CCF 优博丛书编委会

丛书序

博士研究生教育是教育的最高层级，是一个国家高层次人才培养的主渠道。博士学位论文是青年学子在其人生求学阶段，经历"昨夜西风凋碧树，独上高楼，望尽天涯路"和"衣带渐宽终不悔，为伊消得人憔悴"之后的学术巅峰之作。因此，一般来说，博士学位论文都在其所研究的学术前沿点上有所创新、有所突破，为拓展人类的认知和知识边界做出了贡献。博士学位论文应该是同行学术研究者的必读文献。

为推动我国计算机领域的科技进步，激励计算机学科博士研究生潜心钻研，务实创新，解决计算机科学技术中的难点问题，表彰做出优秀成果的青年学者，培育计算机领域的顶级创新人才，中国计算机学会（CCF）于 2006 年决定设立"中国计算机学会优秀博士学位论文奖"，每年评选不超过10 篇计算机学科优秀博士学位论文。截至 2021 年已有 145 位青年学者获得该奖。他们走上工作岗位以后均做出了显著的科技或产业贡献，有的获国家科技大奖，有的获评国际高被引学者，有的研发出高端产品，大都成为计算机领域国内国际知名学者、一方学术带头人或有影响力的企业家。

　　博士学位论文的整体质量体现了一个国家相关领域的科技发展程度和高等教育水平。为了更好地展示我国计算机学科博士生教育取得的成效，推广博士生科研成果，加强高端学术交流，中国计算机学会于 2020 年委托机械工业出版社以"CCF 优博丛书"的形式，陆续选择 2006 年至今及以后的部分优秀博士学位论文全文出版，并以此庆祝中国计算机学会建会 60 周年。这是中国计算机学会又一引人瞩目的创举，也是一项令人称道的善举。

　　希望我国计算机领域的广大研究生向该丛书的学长作者们学习，树立献身科学的理想和信念，塑造"六经责我开生面"的精神气度，砥砺探索，锐意创新，不断摘取科学技术明珠，为国家做出重大科技贡献。

　　谨此为序。

中国工程院院士

2022 年 4 月 30 日

视觉语言是计算机视觉与自然语言处理的交叉研究方向，也是人工智能领域近年来的研究热点之一。《视觉语言交互中的视觉推理研究》从知识建模和知识推断两方面入手，对视觉语言交互任务中的视觉推理问题进行研究，具有重要的理论意义和应用价值。

该书取得的主要创新性研究成果包括：

1）在单轮交互场景的知识建模方面，提出了变分背景建模框架，借助背景建模的思想，对自然语言指代的目标和其背景信息的共生关系进行建模，通过候选目标对语义背景进行估计，并基于估计出的语义背景对指代目标进行定位。

2）在多轮交互场景的知识建模方面，提出了递归视觉注意力模型，借助于视觉指代消解的思想，以递归的形式对对话历史进行回顾，并以视觉注意力机制的方式聚焦在与话题相关的视觉物体上。

3）在知识推断方面，提出了反事实视觉问答框架，从因果效应的视角出发，借助因果推断中的反事实思维，通过单一语言分支显式地对语言相关性进行建模。通过从问题和图像的总体因果效应中去除问题对答案的直接因果效应，有效地克服了视觉问答模型对语言偏差的依赖。

　　该书层次清晰，撰写规范，叙述清楚，理论性强，实验数据翔实，创新性较为突出。该书的研究成果对于相关领域的研究者而言具有较高的参考价值。

赵耀

北京交通大学教授

2022 年 5 月

推荐序 II

近年来，计算机视觉与自然语言处理成为人工智能领域最为活跃的两个研究分支，视觉语言作为二者的交叉领域得到了蓬勃发展，对于提升智能机器的多模态认知推理能力至关重要。《视觉语言交互中的视觉推理研究》聚焦于视觉语言交互中的视觉推理问题，从知识建模和知识推理两个方面展开研究。

在知识建模方面，作者对单轮交互和多轮交互两个场景进行分析，选取了指称语理解和视觉对话两个研究任务，旨在探索如何在视觉语言交互场景下通过合理的推理获取知识。针对指称语理解问题，作者提出了变分背景框架，对自然语言指代的目标和其背景信息的共生关系进行建模，通过候选目标对语义背景进行估计，并基于估计出的语义背景对指代目标进行定位。针对视觉对话问题，作者提出了递归视觉注意力机制，以递归的形式对对话历史进行回顾，并以视觉注意力机制的方式聚焦在与话题相关的视觉物体上，该方法具有可解释性强、符合人类思维方式的优点。

在知识推理方面，作者对知识偏差问题进行分析，选取了视觉问答研究任务，旨在探索如何在训练数据有偏的情况下进行无偏的推理和估计。为了克服模型对语言偏差的依赖，作者提出了反事实视觉问答框架，通过反事实思维和中介分析等因果效应的新视角看待视觉问答问题，从视觉和语言的总体效应中减掉语言的直接效应，可以去除语言偏差。该框架对近期部分基于语言先验的框架提供了理论上的解释，同时可以进一步地提高上述框架的性能。

　　该书的研究内容前沿，书中提出的方法设计合理，创新性突出，在相关基准数据集上的系统性实验验证了所提方法的有效性和相比于同类工作的优势。该书的研究方向是当前计算机视觉和多媒体领域的研究热点，在智能人机交互、互联网内容理解等多个场景中具有广泛的应用前景，作者的研究成果具有较强的工业应用潜力。

王瑞平

中国科学院计算技术研究所研究员

2023 年 1 月

导 师 序

我于 2013 年秋天从微软亚洲研究院回到中国人民大学，渴望与优秀的学生一起工作，但是错过了当年的研究生招生时间，于是决定先从本科生中发掘有潜质的学生。牛玉磊博士彼时是大三本科生，成绩优秀，对机器学习有浓厚的兴趣。于是他从那时起进入我的实验室，2015 年毕业后留校直博，在我和卢志武教授的指导下进行机器学习方面的学习与研究，直到 2020 年夏天获得工学博士学位。

玉磊身上有我认为做好科研应该兼具的两种素质："巧"和"拙"，他在定义问题和探索解决方案时颇有灵气和天赋，同时也能脚踏实地地一步步小心求证。但即便如此，博士论文选题也不是一蹴而就的事情。在本科生阶段和博士研究生阶段初期，玉磊的研究内容以分类、检测等较为基础的纯计算机视觉问题为主，进展比较顺利，在本科生阶段他就以第一作者的身份在 IJCAI 发表论文。随着研究的推进，他逐渐了解到计算机视觉与自然语言处理相结合的应用。实验室中有部分老师和同学的研究方向以自然语言处理为主，在大家的日常交流与学术报告中，不同研究背景的人的思想相互碰撞与融合，启发着玉磊思考如何让自然语言处理来助力计算机视觉任务，使得机器不但具备基础的感知能力，还拥有进阶的认知与推理能力，这为玉磊的博士论文选题奠定了基调。那时计算机视觉与自然语言处理的结合还处在早期研究阶段，国内对此问题的关注相对较少。经过多次讨论，我们认为视觉语言的交互类任务具有很好的研究与应用前景，有两方面原因：一方面，人与机器的交流以自然语言的方式实现最为自然，而交流意味着机器能够与人进行多轮、持续的互动，并根据人的指令与反馈进行推理；另一方面，如何使机器综合利用视觉与语言两个模态的信息，以避免对单一模态的过度依赖，是一个开放的前沿问题。因此，我们最终将玉磊的博士论文选题定位于视觉语言交互任务，旨在实现机器根据多模态数据进行持续的、无偏的视觉推理的研究目标。

《视觉语言交互中的视觉推理研究》一书的内容就来源于玉磊的博士学位论文，该书聚焦于计算机视觉与自然语言处理的交叉领域的交互任务，旨在让视觉系统获得在自然语言交互场景下的推理能力。该书从知识建模和知识推断两个角度展开论述。知识建模侧重于模型的构建与训练阶段，探讨如何从视觉和语言两个不同模态的输入中提取多模态知识。该书分别选取指称语理解和视觉对话作为单轮交互场景与多轮交互场景下的代表性任务。针对指称语理解任务，书中提出变分贝叶斯框架，通过对视觉与语言的背景信息进行建模，实现借助语义背景对目标物体进行定位。针对视觉对话任务，书中提出递归视觉注意力模型，动态地根据相关历史对话更新视觉注意力，提升视觉表示能力。知识推断侧重于模型的测试阶段，研究如何均衡地、无偏地利用视觉与语言两个模态的知识，避免因对单一模态的过度依赖而产生有偏决策。书中以视觉问答的语言偏差为例，基于因果推理的思想提出反事实问答模型，通过想象反事实情形，去除有偏的视觉效应，从而实现无偏的推理和决策。

近两年，随着大规模预训练模型技术的突破，视觉语言领域成为备受关注的研究热点。该书在此之前就已对视觉语言领域的若干重点问题开展了研究，这令我们倍感欣慰和鼓舞。同时，该书中的研究也是早期将因果推理引入计算机视觉的工作，所提出的反事实推理框架启发了计算机视觉、自然语言处理、推荐系统等不同领域的若干研究。尽管大模型已在众多研究领域中取得突破性成果，但所需的数据量与计算资源仍是普通研究机构难以承受的。因此，如何利用有限的计算资源激发大模型在具体问题上的应用潜力，仍是学术界需要关注的问题。此外，大规模预训练仍无法有效解决模型的偏见性（例如性别偏见、种族偏见、教育偏见等），如何提高视觉语言模型的公平性与无偏性，仍是亟待解决的研究问题。在该书的基础上，我们将会在这些问题上展开后续研究。

最后，希望该书能够对关注视觉语言领域的研究者有所启发，在引导研究者思考的同时帮助研究者梳理视觉语言领域的重点研究问题与研究方法。

文继荣

教授，博士生导师

中国人民大学信息学院、高瓴人工智能学院

2022 年 8 月 5 日

摘　要

　　视觉语言是计算机视觉与自然语言处理的交叉领域，对机器的感知和认知能力均有较高的要求。随着深度学习的发展和计算能力的提高，机器的感知能力得到了显著提升，于是研究者们开始探索机器的认知能力，尤其是推理能力。本书从知识建模和知识推断两方面入手，对视觉语言交互任务中的视觉推理问题进行研究。其中，知识建模指通过模型的构建，从视觉媒介和自然语言中提取视觉与语言知识，并进行特征表示；知识推断指机器对视觉和语言两个模态的知识进行综合考虑，并进行无偏的推断与估计。

　　对于知识建模，本书在单轮交互和多轮交互两个场景下，分别选取指称语理解与视觉对话两个代表性任务进行阐述。对于单轮交互情形下的指称语理解任务而言，机器需要从图像中对自然语言描述的目标物体进行定位。本书提出了变分背景框架，借助背景建模的思想，对自然语言指代的目标和其背景信息的共生关系进行建模，通过候选目标对语义背景进行估计，并基于估计出的语义背景对指代目标进行定位。对于多轮交互情形下的视觉对话而言，机器需要结合图像及多轮对话历史，对当前问题进行回答。本书提出了递归视觉注意力模型，借助于视觉指代消解的思想，希望机器模拟人的思维方式，以递归的形式对对话历史进行回顾，并以视觉注意力机制的方式聚焦在与话题相关的视觉物体上。

对于知识推断而言，视觉问答是视觉语言领域中存在知识偏差的典型问题。视觉问答需要结合图像内容对问题进行回答。视觉问答模型可能会过多地关注问题和答案之间的联系，导致缺乏对图像内容的关注。不同于传统的基于统计相关性的模型，本书提出了反事实视觉问答框架，从因果效应的视角出发，借助因果推断中的反事实思维，通过单一语言分支显式地对语言相关性进行建模。通过从问题和图像的总体因果效应中去除问题对答案的直接因果效应，有效地克服了视觉问答模型对语言偏差的依赖。

关键词： 计算机视觉；自然语言；人机交互；
视觉推理

ABSTRACT

Visual and Language is at the boundary between computer vision and natural language processing, which has high requirements on the machine's perception and cognitive abilities. With the rapid growth of deep learning and computing resources, the machine's perception ability has been significantly improved. Researchers have started to explore the machine's cognitive ability, especially reasoning ability. This book aims to exploit visual reasoning in vision-language interaction problems from knowledge modeling and knowledge-based inference. Specifically, knowledge modeling means extracting visual and textual knowledge from visual content and natural language via modeling. Knowledge-based inference means making unbiased inference and estimation based on both visual and textual knowledge.

For knowledge modeling, two representative tasks, referring expression comprehension and visual dialogue, will be selected reflecting two scenarios of single-round interaction and multi-round interaction. For the referring expression comprehension task in the scenario of single-round interaction, machine needs to locate the target object described in the image according to the natural language description. This book proposes a variational context framework to model the reciprocity between the referent and the context. For the visual dialog task for multi-round interaction, machine needs to answer the current question based on the given image and multi-round dialog history. This book proposes a recursive visual attention mechanism motivated by visual co-reference resolution. Specifically, machine is expected to simulate human's thinking and recursively review the dialog history. After that, machine will focus on the target visual object via visual attention.

For knowledge-based inference, visual question answering (VQA) is one of the most typical tasks in vision and language which suffers from knowledge bias. Visual question answering requires machine to answer the question based on the image. However, VQA models may rely on the correlation between questions and answers and thus ignore the visual content. This book proposes counterfactual VQA (CF-

VQA) from cause-effect look. Motivated by counterfactual thinking in causal inference, CF-VQA explicitly captures the language bias via a separated language branch. After that, the direct effect of question on answer is subtracted from the total effect of question and image on answer. In that case, the language bias can be successfully removed, and VQA models can effectively overcome language prior.

Key Words: Computer Vision; Natural Language; Human-Computer Interaction; Visual Reasoning

目　录

第 4 章　知识偏差情形下的视觉问答

插图索引

表格索引

第 1 章

引言

研究背景

  人工智能是使计算机呈现智能的技术，通常通过模拟和学习人的行为进行实现。人工智能所需具备的基本能力包括感知能力和认知能力。其中，感知能力强调对信息的获取能力，包括听觉和视觉等。认知能力强调对信息的处理能力，包括推理和意识等。对于人类而言，视觉和语言是人类进行感知世界和认知世界所需的两项重要手段。借助于视觉系统，人类可以通过观察外部环境来获取信息。借助于语言系统，人类可以更准确、丰富地表达自己的想法，并通过语言交流来传递信息。对于人工智能而言，计算机视觉和自然语言处理同样是两个重要的研究领域。

  近年来，随着深度学习的兴起、计算能力的提高和大规模数据集的构建，计算机视觉领域获得了蓬勃发展。借助于深度神经网络强大的特征表示能力，机器的视觉感知能力得到了显著提升。基于深度学习的方法在图像分类（image classification）、目标检测（object detection）、语义分割（semantic segmentation）、人脸识别（face recognition）等传统的视觉感知问题上取得了很好的效果。在实际应用场景中，用户并不能满足于机器基础的视觉感知能力，而且希望机器能够具有更友好的使用方式。人们希望能够通过人机交互的方式，通过程式化的指令向计算机传达意图，从而更简易地使用相关应用。举例而言，用户想要从视觉场景中找到所有的狗。对于这一任务，一种简单的实现方式是，将"狗"这一类别作为程式化的指令输入目标检测系统。系统从视觉场景中检测到所有的物体后，从中筛选出类别为"狗"的物体，并将结果反馈给用户。另一个例子是，用户想要从视觉场景中找到特定的某个人。对于这一任务，一种可行的方式是，将目标人物作为程式化的指令输入机器，由机器对视觉场景中的所有人进行识别，并通过检索、匹配等方式判断识别出的人中是否存在目标人物。由于上述类别指令是结构化的，因此开发者可以相对容易地通过改造视觉感知系统进行实现。然而，用户只能基于特定任务的指令与机器进行交互。如果用户不够熟悉系统机制，那么使用系统时会存在较大的学习成本。因此，用户希望视觉应用具有更友好的交互方式。对用户而言，如果用户可以通过语言的形式将指令传达给视觉系统，那么用户所需具备的操作性知识将大大减少，相应的视觉系统也将具有更广泛的应用场景。这一想法也是促进计算机视觉和自然语言处理两大领域结合的重要需求。

视觉语言（vision and language）是计算机视觉与自然语言处理的交叉领域。视觉语言任务通常围绕视觉媒介（如图像、视频等）和自然语言（如问题、描述、对话等）进行。主流的视觉语言任务可以按照图1.1进行归类。具体而言，第一类任务如图1.1a所示，视觉媒介和自然语言同时作为视觉系统输入，而输出为自然语言。这一系统的代表性任务为问答类问题，如视觉问答[1-3]和视觉对话[4]。在这类任务中，用户围绕图像内容展开问答与对话，以自然语言的方式向视觉系统提问，视觉系统根据图像内容和文本信息（视觉问答中为问题，视觉对话中为问题和对话历史）进行综合推理，并以自然语言的形式给出回答。第二类任务如图1.1b所示，视觉媒介和自然语言同时作为视觉系统输入，而输出为视觉媒介。这类任务通常与定位和检索联系在一起，代表性任务为指称语理解[5-7]。在指称语理解问题中，视觉系统需要根据自然语言描述，从给定图像中找到其唯一对应的视觉物体。第三类任务如图1.1c所示，视觉媒介作为系统输入，而输出为自然语言。这一类任务多为文本生成任务，如看图说话[8]和视频故事生成[9]。在这类任务中，模型需要根据给定的图像或视频生成对视觉媒介的自然语言描述。自然语言描述可以是一句话（看图说话）或一段话（视频故事生成）。第四类任务如图 1.1d 所示，自然语言作为系统输入，而输出为图像或视频。这类任务多为视觉生成任务，如文本生成图像[10]。在这一任务中，输入为一段自然语言描述，输出为图像。从上述四类任务中可以看到，前两类任务的输入包含了视觉与语言两个模态，更侧重通过视觉与语言的交互和多模态场景下的推理。而后两类任务侧重于生成，更强调单模态场景下的推理与生成模型的构建。本书将从前两类任务入手，研究在视觉语言交互的情形下，如何进行合理有效的视觉推理。

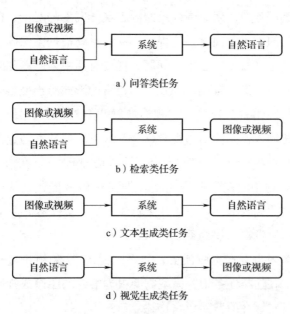

a）问答类任务

b）检索类任务

c）文本生成类任务

d）视觉生成类任务

图 1.1　视觉语言任务分类

1.2 研究现状

视觉推理是计算机视觉领域中重要的前沿问题。视觉推理建立在视觉感知之上，要求对视觉内容（如图像、视频）中众多的视觉物体之间的联系进行理解。视觉推理的研究促成了许多计算机视觉与自然语言处理的交叉领域（即视觉语言领域）任务的提出和发展，包括视觉问答（visual question answering）、指称语理解（referring expression comprehension）、视觉对话（visual dialog）、视觉常识推理（visual common-sense reasoning）和视觉语言探索（vision-language navigation）等。以下是这些任务的共同点。①自然语言限定条件。以上任务大多以自然语言作为语义背景和查询条件。例如，在视觉对话问题中，对话机器人需要根据对话历史和图像，对当前问题进行回答。在这里，对话历史可以看作语义背景，当前问题扮演了查询条件的角色。自然语言限定缩小了相关视觉内容的范围，同时也对如何提取语言相关的视觉内容带来了挑战。②多模态非结构化数据。以上任务中的自然语言不限定语句模式，均来自真实世界中人的语言。因此，视觉和语言两个模态的数据均为非结构化数据，这为数据处理、数据分析与语义理解带来了挑战。③复杂的视觉场景。以上任务中的视觉场景（图像、视频）往往包含多种、多个物体。如何根据自然语言的指示对复杂的视觉场景进行分析，挖掘出视觉物体与自然语言之间的对应关系以及视觉物体之间的联系，是视觉语言任务中场景分析的重要挑战。本书将从知识建模和知识推理两个角度出发，对指称语理解、视觉对话、视觉问答三个典型任务中的视觉推理问题进行研究。

1.2.1 指称语理解

指称语理解（referring expression comprehension 或 visual grounding）是视觉语言领域中单轮交互情境下的典型问题。在指称语理解中，机器需要根据自然语言描述对图像中的目标物体进行定位。指称语理解结合了计算机视觉领域的目标检测和自然语言处理领域的语义理解两个基础任务，强调对视觉和语言两个模态的理解与推理。在结合自然语言的视觉交互系统中，根据人的自然语言指令进行理解、推理与操作是计算机和机器人所应具备的基本能力。指称语理解也是机器人探索[11]、视觉问答[1-3]和视觉对话[4]等复杂的跨模态视觉相关的人机交互系统的基础能力。

目标检测是计算机视觉领域中最基础的任务之一，要求机器从图像中检测出视觉物体。与图像分类相比，目标检测任务中包含的物体类别和数量更多，任务场景更复杂，因此对计算机感知能力的要求更高。视觉语言交互系统中的目标检测任务（即指称语理解）则更具有挑战性，要求计算机或机器人在给定自然语言描述的情况下，对自然语言中所描述的目标物体进行定位。因此，指称语理解任务不仅要求机器同时对自然语言和视觉场景进行理解（即感知能力），而且要求机器捕捉到视觉物体之间的联系、自然语言中单词之间的联系以及自然语言与视觉物体的联系（即推理能力）。

与短语定位[12-13]不同，指称语理解的核心问题是如何将目标物体与其他物体区分开，特别是同类物体[14]。为了使机器能够达成上述目标，我们需要机器利用视觉内容和自然语言中的背景信息（如位置关系、描述语、属性等）。然而，早期工作在对背景信息进行建模时，只考虑整张图片[7,15-17]或区域之间的视觉特征差异[6,18-19]。这一想法较为简单直接，没有考虑视觉物体之间的关系以及视觉物体与自然语言之间的联系。与上述工作不同的是，一些研究[20-21]显式地将目标物体与背景物体进行两两配对，对视觉关系通过物体对的形式进行建模。然而，在指称语理解问题中，由于人力物力的限制，研究者难以大量、准确地对背景信息进行标注。因此，这些方法将指称语看作弱监督标注信息，通过基于多实例学习（multiple instance learning）的框架对弱监督信息进行处理。然而，多实例学习框架过于缩减背景的采样空间，不能完美地适用于指称语理解任务。研究者们[19,22-25]也探索了通过对视觉关系进行检测的方式，对视觉物体及它们的关系进行识别。然而，受限于匹配模式词典的容量，视觉关系检测难以直接迁移到开放的指称语理解问题中。

一些研究工作通过结合指称语生成（referring expression generation）的方式促进指称语理解任务。指称语生成可以看作指称语理解任务的相反问题，即机器在给定图像和图像中的特定物体的情况下，对这一物体生成表意明确的自然语言描述。在视觉语言领域中，指称语生成与看图说话（image captioning）任务[26-27]较为相近，均为根据视觉内容生成自然语言描述。与看图说话任务不同的是，生成的指称语对包含属性、位置和关系等修饰信息的需求更大，这些信息有助于将给定物体与视觉内容中的其他物体进行区分。在自然语言处理领域中，早期工作[28-32]聚焦在小规模的人工数据集。最近一段时间，研究者们收集了基于真实世界图像的大规模数据集。具体而言，Kazemzadeh 等人[5]收集了一个名为 RefCLEF 的大规模数据集。数据集通过两个玩家（即标注者）之间的游戏进行收集，其中一个玩家根据图像和图像中的特定物体生成自然语言描述，而另一个玩家根据生成的指称语，从图像中选取所描述的图像。研究者们进一步提出了 RefCOCO、RefCOCO+和 RefCOCOg[6-7]等指称语数据集。一些近期工作也基于这些大规模数据集展开。

1.2.2 视觉对话

视觉对话（visual dialog）是视觉语言领域具有代表性的多轮交互问题。在视觉问答任务中，机器需要对视觉内容（如图像、视频）和文本内容（如问题）进行理解和推理，并根据视觉内容对问题进行回答。与单轮的视觉问答不同，视觉对话是关于视觉内容的多轮交互任务。在视觉对话任务中，机器不仅仅需要对图像和问题进行理解，还需要综合相关的对话历史进行推理。目前常用的大规模视觉对话数据集为 VisDial[4]。与指称语理解任务相似，在数据收集过程中，两个标注人员通过模拟对话的游戏进行标注。其中，一个标注人员扮演提问者的角色，另一个人扮演回答者的角色。提问者在看到图片文字描述的情况下，对其看不见的图片进行提问，以了解图片的内容。回答者则根据提问者的问题、对话历史以及图像综合进行回答。视觉对话任务介于目标导向（goal-oriented）和目标自由（goal-free）之间。一方面，对话限定在了给定的图像内容，因此具有一定的目标性。另一方面，除了给定图像外，对话没有任何其他的约束，包括提问问题类型与答案类型，提问者和回答者可以自由展开对话，因此具有一定的自由度。

需要指出的是，在 VisDial 数据集中，有 98% 的对话和 38% 的问题中包含至少一个代词（如它、它们、这个等）。因此，视觉对话中一个关键挑战是视觉指代消解问题。视觉指代消解是将指称语中的相关实体（通常是代词、名词等短语）进行连接，并在视觉媒介（图像、视频等）中找到对应的视觉物体。在指称语理解、行为识别和场景理解等计算机视觉任务中，指代消解的思想被用来增强视觉理解和推理能力。研究者们也将指代消解的思想用到视觉对话任务中。具体而言，Lu 等人[33] 提出了一种基于对话历史的注意力机制，隐式地处理视觉指代消解问题。Seo 等人[34] 采用了记忆网络的结构，对每轮历史的视觉注意力通过记忆网络进行保存，并对所有保存的视觉注意力进行加权融合。CorefNMN[35] 采用了神经模块网络（Neural Module Network）的结构，将历史对话中出现的实体进行检测并存储，通过模块网络将问答过程转换为子模块的顺序操作，提取话题相关的实体。

视觉对话的相关工作可以归纳为以下三类。第一，基于融合的模型。早期的视觉对话模型将图像、问题和历史特征进行简单的融合。其中，LF（Late Fusion）[4] 将图像、问题与历史的特征表示进行拼接，并通过一个全连接层进行线性融合。HRE（Hierarchical Recurrent Encoder）[4] 对每轮历史的特征进行提取，并将历史特征与图像和问题特征进行拼接，通过长短时记忆网络（LSTM）对特征进行非线性融合。第二，基于注意力特征的模型。这类方法通过注意力机制提取信息更为丰富的图像、问题和历史特征。其中，HREA[4] 为 HRE 模型的改进版本，通过注意力机制对每轮历史融合。MN（Memory Network）[4] 采用了记忆网络的结构，对历史特征进行加权融合。HCIAE（History-Conditioned Image Attentive Encoder）[33] 采用了多层级联注意力机制，依次对历史特征进行注意力加权、对图像特征进行注意力加权。CoAtt

（Co-Attention）[36] 采用了联合注意力机制，依次对图像、历史、问题和图像进行四步的联合注意力加权。第三，基于视觉指代消解的方法。如前面所述，这类工作聚焦在视觉对话中的视觉指代消解问题。

1.2.3 视觉问答

视觉问答（Visual Question Answering，VQA）[1,37] 是计算机视觉领域的经典任务，是视觉对话[4]、视觉语言探索[38] 和视觉常识推理[39] 等任务的基础。在视觉对话中，机器需要根据图像对自然语言问题给出答案。近一段时间，视觉问答受到研究者的广泛关注，并取得了快速进展。近期研究从不同的角度探索视觉问答问题，如多模态特征融合[40-42]、注意力机制[43-44] 等。

近年来，一些研究发现，视觉与自然语言领域内的很多任务受限于数据集的偏差，尤其是语言偏差（language bias）[45-49]。语言偏差体现在输入和输出的自然语言之间的强相关性，使得模型会倾向于通过语言上的相关性进行作答，而非通过综合视觉与自然语言两个模态的知识。例如，在 VQA v1.0 数据集[1] 中，很多问题类型上的答案分布非常不均衡，例如体育类型相关的问题和是非题[45-46]。在看图说话问题中，研究者们发现数据集中存在相关性很强的共生单词对，并进一步形成了生成描述的频繁模式，例如绵羊和土地（"sheep+field"）、男人和站着（"man+standing"）[47]。在场景图生成任务中，数据集中绝大多数的物体和实体被标注为表示部件的类别，如胳膊（arm）、轮子（wheel）等，而超过 90% 的关系被标注为位置关系或者从属关系，如上面（above）、拥有（has）等。语言偏差的出现源于数据集的收集方式以及人的思维模式，人类在使用自然语言进行表述时，会根据自己的偏好使用惯用语、惯用词和惯用模式，因此语言偏差刻画了人的偏好，它的存在是合理的。然而，这些语言偏差使得模型倾向于依赖语言之间的强相关性，而非充分探索视觉信息。模型难以从语言偏差中提取出真正有帮助的语义信息。为了克服视觉语言任务中的语言偏差，研究者们从不同的角度出发进行探索，包括数据集本身去除偏差[46,50]、更鲁棒的训练[51-53] 以及使用额外的监督信息[52,54] 等。

在视觉问答领域内，视觉问答模型同样容易捕捉到数据集中的语言偏差，并依赖于语言上的相关性进行作答。这一限制使得模型没有更好地关注视觉内容，尤其在训练环境和测试环境不一致时影响严重[55,45-46]，即训练样本和测试样本的答案分布不一致。为了研究视觉问答模型的迁移性和普适性，研究者们提出了 VQA-CP（Visual Question Answering under Changing Priors）数据集[50]。在 VQA-CP 数据集中，训练集和测试集上同一问题类型的答案分布差异较大。借助于 VQA-CP 数据集，研究者们围绕着如何去除语言偏差展开。

这些研究的思路可以总结为两个方面。第一种思路是通过增强视觉内容理解，间接地消除语言偏差的影响。增强视觉内容理解需要借助额外的标注数据[54,52]，包括视觉标注[56]与文本标注[57]。其中，VQA-HAT 数据集[56]以视觉注意力特征图的标注作为视觉注意力监督信息，而 VQA-X 数据集以关于问答对的文本解释作为监督信息。然而，收集这些标注信息需要庞大的人力物力，且难以做到大规模和高精度。第二种思路是通过在模型中引入额外的语言分支，直接提取语言先验知识及去除语言偏差。具体而言，语言分支将视觉问答问题化简为纯文本问答问题，用于对训练集上的语言相关性进行建模。在测试阶段只保留多模态问答分支进行作答。具体实现方式包括对抗学习方式[51]和多任务学习方式[53,58]。这些方法的优点在于不需要额外标注，就可以简单有效地克服了语言先验带来的影响。然而，这种引入额外分支的操作缺少理论上的解释。

本书从因果推断的角度重新审视视觉问答中的语言偏差问题。因果推断的研究广泛地存在在统计学、经济学、社会学等领域[59-64]。在机器学习领域中，一些因果推断研究工作主要集中在因果作用估计（treatment effect estimation）[65-67]和真实场景应用[68-70]等问题上。最近一段时间，反事实思考（counterfactual thinking）的思维方式也在计算机视觉领域的一些问题中得到应用，包括视觉解释[71-72]、视觉场景图生成[73] 以及视频分析[74-75] 等任务。

1.3 研究内容与贡献

本书研究脉络如图 1.2 所示。本书从知识建模和知识推断两个角度对视觉语言领域中的视觉推理问题进行研究。这两个角度分别对应着模型的训练阶段和测试阶段。知识建模指的是如何通过模型架构设计，对视觉和语言两个模态的知识进行抽取。在视觉语言问题中，根据人机交互的次数，可以将场景划分为单轮交互场景和多轮交互场景。其中，单轮交互场景可以看作多轮交互场景的特例，即轮数设定为一。单轮交互场景下侧重于考察模型的基础推理能力，而多轮交互场景下则着重考察模型在动态视觉与语言情形下的推理能

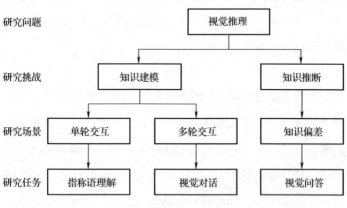

图 1.2　研究脉络

力。知识推断指的是如何无偏地提取知识并进行判断。对于知识推断而言，由于视觉语言任务涵盖视觉内容与文本内容两个模态，在数据收集过程中，由于标注人员本身的行为偏好（如用语偏好）、单模态数据分布不均（如图像类别的长尾分布、文本输入输出的语言相关性）等问题，训练数据往往是有偏的。基于传统的机器学习方法和统计相关性进行训练和测试，可能会使得模型过拟合于有偏数据，导致其抽取的知识存在偏差，并进而影响后续推断。

指称语理解问题是单轮交互场景下的典型问题。指称语理解问题的核心问题之一是如何将图像和指称语中的视觉文本背景信息进行抽取。针对上述问题，本书提出了变分背景框架。在这一框架中，模型通过一种变分贝叶斯框架[76]对背景信息进行建模估计。直观上讲，模型探索目标物体与背景的相互促进关系。给定目标物体可以估计它的语义背景，而根据语义背景又可以对目标物体进行定位。这一相互促进关系表示为对 $p(x \mid L)$ 估计的变分下界，其中 L 代表指称语文本。框架由三个部分组成，分别是背景后验估计 $q(z \mid x, L)$、目标物体后验估计 $p(x \mid z, L)$ 以及语义背景先验 $p_z(z \mid L)$，其中 z 代表语义背景的隐变量表示。这些模块通过基于不同语义线索的语言特征进行定位与估计。每个语义线索通过注意力机制实现，对应指称语中与之相关的关键词。此外，考虑到背景信息有助于生成表意明确的指称语，变分背景框架进一步纳入指称语生成，并通过指称语生成任务促进语义背景的估计和指称语的定位。

视觉对话问题是多轮交互场景下的典型问题。在对话过程中，人们往往会围绕同一件事、同一个物体或同一个人展开讨论。在讨论过程中，为了避免用词重复，人们往往会使用代词等指代语来代表同一个对象。在这种多轮交互的背景下，如何将对话中的相同实体进行关联，并在图像中找到对应的视觉物体，成为视觉对话中的重要推理问题，即视觉指代消解。受启发于视觉指代消解的思想，本书提出了递归视觉注意力模型，通过模拟人的思维方式进行推理。具体而言，在视觉对话过程中，对话机器人首先判断能否仅凭当前问题，从图像中提取出与之相对应的视觉内容。如果仅凭当前问题不足以提取相关的视觉内容，那么对话机器人将以递归的方式回溯与当前问题话题相关的对话历史，并不断优化视觉内容，直到机器足以进行视觉理解或所有对话历史均已回顾完毕。通过可视化的方式，我们可以直观地了解对话机器人在视觉对话任务中如何开展视觉推理过程。

在视觉问答任务中存在典型的知识偏差问题。由于数据收集和人类语言偏好等因素，视觉问答数据集中的问题和答案存在较强的相关性，使得问答模型容易将视觉问答问题简化为文本问答问题并依赖语言相关性，从而造成了模型对视觉知识的抽取和利用不足。为了克服视觉问答中的语言偏差问题，本书基于因果推断理论和反事实思维建立了反事实视觉问答框架。在这一因果框架中，机器对两个情形进行对比。第一个情形为事实情形，即问答机器人能够接收到来自视觉（即图像）和语言（即问题）两方面的信息，根据多模态信息进行推理。第二个情形为反事实情形，即机器仅能够接收到来自语言方面的信息，而屏蔽掉视觉方面的信息。在这种情形下，由于视觉信息不可见，因此机器将仅凭语言进行推理。在因果推理的视角下，通过比较两种方式中的因果效应，从总体效应中减掉语言效应，可以有效地去掉语言偏差，在有偏的训练情况下进行无偏的推理和判断。

1.4 组织结构

本书共由 5 章组成。第 1 章引言部分，介绍了计算机视觉与自然语言处理交叉领域中交互类问题的研究背景，并分别从单轮交互、多轮交互、知识偏差三个角度选取了指称语理解、视觉对话、视觉问答三个经典任务展开讨论。

第 2 章介绍了单轮交互情形的代表性视觉推理任务，即指称语理解问题，提出了变分背景框架，根据视觉图像和指称语文本的联系及视觉物体之间的关系提取语义背景信息，并根据背景信息对指称语进行定位。

第 3 章介绍了多轮交互情形的代表性视觉推理任务，即视觉对话问题，提出了递归注意力机制，通过视觉指代消解的思想对图像、对话和问题之间的联系进行建模，优化视觉表示。

第4章介绍了知识偏差情形的代表性视觉推理任务，即视觉问答问题，基于因果推理提出了反事实视觉问答框架，在训练环境和测试环境的答案分布不一致情况下，通过因果效应的视角提取并去除语言偏差。

第5章对本书进行了总结，并对未来研究方向进行了展望。

第 2 章

单轮交互情形下的指称语理解

目标检测是计算机视觉领域中的基础任务之一。相较于图像分类而言，目标检测任务的视觉场景更为复杂，图像中的物体的类别和数量更多，对计算机的感知能力也有了更高的要求。视觉交互系统中的目标检测任务则更具有挑战性，要求机器根据自然语言描述，从图像中对所描述的目标物体进行定位。这一任务通常称为指称语理解。指称语理解是视觉语言交互系统所需具备的基本能力，也是众多复杂视觉交互任务的基础。在单轮交互的场景下，指称语理解要求机器能够同时对自然语言和视觉场景进行理解，建立两者之间的联系，从众多候选的视觉物体中推断出自然语言所描述的物体。本章以指称语理解问题作为单轮交互情形下的代表问题进行研究，通过对视觉和语言背景建模的方式，建立图像中视觉物体之间、文本与视觉物体之间的语义关系，进而完成视觉推理。

2.1 研究概述

根据自然语言的描述进行视觉定位是人工智能领域中的重要问题。这一问题建立起了一种人、机器与物理世界进行交互的方式，也是机器人探索[11]、视觉问答[1-3]和视觉对话[4]等人工智能问题的基础。然而，与名词和短语定位相比，对指称语进行定位更具挑战性。相较于名词短语定位问题而言，指称语理解问题中的视觉内容和自然语言组合形式更为复杂。如图2.1所示，对指称语句"站在大象宝宝后面的最大的大象"（"the largest elephant standing behind baby elephant"）而言，传统的目标检测模型由于无法将同类的物体区分开，因此无法满足我们的需求。一般认为，解决指称语理解问题的关键在于理解视觉与语言的上下文背景信息（context）。在示例中，视觉物体（例如"大象"）、属性（例如"最大的""宝宝"）和关系（例如"后面"）等背景信息

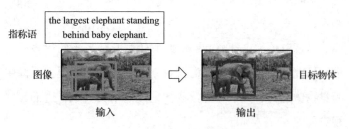

图 2.1　指称语理解任务图示

可以帮助我们将目标物体与其他物体区分开。对于如何提取上述背景信息而言，一种直觉上的解决方式是两阶段处理法。我们首先借助额外的分词器（parser）将指称语分解成实体、关系等部分[77]，然后通过视觉关系检测器（visual relation detection）对实体、关系等进行定位[23]。然而，视觉关系检测器受限于预训练数据，通常限定在固定范围内的关系搭配，难以完美地应用于更为一般化、非结构化的语言与视觉任务。因此，上述两阶段的处理方法并不能有效解决指称语理解问题。一些研究工作借助于多模态映射（multimodal embedding）网络，将自然语言理解和视觉关系建模进行联合处理[20-21]。需要指出的是，视觉物体作为背景信息的组合复杂度较高。对于 N 个候选物体而言，背景组合的复杂度为 $O(2^N)$。考虑到采样复杂性问题，多实例学习（Multiple Instance Learning，MIL）框架假定对于每个目标物体而言，背景仅由一个物体组成，从而将 N 个物体的背景组合的复杂度从 $O(2^N)$ 降低到 $O(N)$。然而，这一处理过于简单，在处理复杂场景时存在问题。举例而言，在对图 2.2 中的大象进行定位时，我们需要综合考虑其他三头大象，将它们当作联合的背景信息。为了正确地找出目标物体，我们需要分辨出哪一头大象是"最大的"，并结合"后面""宝宝"等关键词信息进行综合建模。仅仅将单一物体作为背景信息无法处理如上复杂的视觉与语言场景。

　　本章提出变分背景（variational context）框架对指称语理

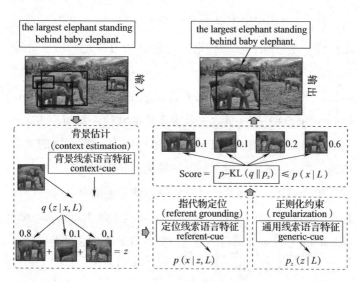

图 2.2 变分背景框架示例

解问题进行处理。变分背景框架基于变分贝叶斯（variational Bayesian）[76] 对背景信息进行建模估计。简言之，模型对目标物体与背景的相互促进关系进行探索。如图 2.2 所示，对于图像中的任意候选区域 x，模型首先估计 x 的背景 z，并基于背景 z 和指称语文本 L 估计 x 作为目标物体的概率。这一相互促进关系可以表示为 $p(x\,|\,L)$ 的变分下界。框架由三个模块组成，分别是背景后验估计 $q(z\,|\,x,L)$、目标物体后验估计 $p(x\,|\,z,L)$ 以及背景先验 $p_z(z\,|\,L)$。这些模块基于不同语义线索的语言特征进行定位与估计，每个语义线索关注指称语 L 中的不同单词，并通过单词注意力机制加以实现。此

外，本书进一步考虑背景信息中的语义信息，并认为具有明确语义的背景信息有助于重建指称语。根据贝叶斯法则，背景先验 $p_z(z\,|\,L)$ 可以分解成用于生成指称语的似然 $p(L\,|\,z)$ 以及先验 $p(z)$。基于如上分解，变分背景框架可以进一步将指称语理解和指称语生成融合在一起，并通过指称语生成对语义背景的估计和指称语定位进行优化。

2.2　相关工作

本章的相关工作将从三个方面进行阐述，分别是指称语理解、指称语生成和多实例学习。指称语是关于图像中特定物体或区域的自然语言描述。指称语理解也被称作指称语定位（grounding referring expression），其目标是在图像中对指称语描述的物体进行定位。与短语定位（grounding phrases）[12-13] 不同，指称语理解的核心问题是如何将目标物体与其他物体区分开，尤其是同类物体[14]。为了解决这一问题，研究者们着重考虑如何通过背景信息进行区分。然而，大多数相关工作仅仅将背景信息看作整张图片[7,15-17] 或不同区域之间的视觉信息差异[6,18-19]。上述考虑相对简单，不能很好地对背景信息进行刻画。与本书模型最相似的工作是文献［20-21］。这些工作显式地以配对的形式对目标物体与背景区域进行建模，通过多实例学习框架对弱监督标注信息处理。另外一些研究[19,22-25]从视觉关系检测问题的角度进行探索。然而，视觉关系检测对关系的刻画局限在事先定义好的字典中，不能直接应用在关系多元复杂的指称语理解问题中。

指称语生成作为指称语理解任务的相反问题，旨在对图像中的特定物体生成语义明确的自然语言描述。与看图说话问题[26-27]不同，指称语往往需要包含属性、位置和关系等可将目标物体与其他物体区分开的明确信息。在自然语言处理领域中，早期工作[28-32]对指称语生成的研究停留在小规模的人工数据集，且更多关注自然语言处理的部分，没有聚焦在真实世界中的视觉问题。最近一段时间，Kazemzadeh等人[5]收集了一个名为RefCLEF的大规模数据集。这一数据集的图像来源于真实世界，指称语则通过两个玩家之间的游戏得到。其中，一个玩家针对图像中的物体生成一句指称语句描述，另一个玩家根据图像内容和生成的指称语对目标物体进行定位。受启发于这一数据收集的方式，研究者们进一步基于MSCOCO图像数据建立了其他版本的指称语数据集，如RefCOCO数据集、RefCOCO+数据集和RefCOCOg数据集[6-7]。基于这些大规模数据集，近年来的一些工作探讨了如何把称谓产生和理解这两个任务结合起来。本书提出的变分背景框架也可以将两个任务进行结合。本书的变分背景框架与这些工作相比有两点不同。第一，Mao等人[7]将指称语

生成表示为$\arg\max_L p(L\,|\,x,I)$，其中L代表指称语描述，x代表目标物体，I代表图像，而我们将生成问题表示为$\arg\max_L p(L\,|\,x,z(x),I)$，即额外考虑了$x$的语义背景$z(x)$。第二，Yu等人[18]首先计算指称语理解与生成的损失函数，然后将联合损失函数表示为多任务学习问题，而我们首先处理指称语理解问题，然后求解基于指称语的先验语义背景$p(z\,|\,L)$，并将$p(z\,|\,L)$分解并包含生成模块的似然$p(L\,|\,z)$，最终统一优化$p(x\,|\,L)$的下界实现。

本章提出的变分背景框架与基于深度神经网络的变分自动编码器（Variational AutoEncoder，VAE[76]）的思想相似。变分自动编码器通过编码器（encoder）对隐含变量z的后验概率分布$q(z\,|\,x)$进行拟合，并通过解码器（decoder）对条件概率分布$p(x\,|\,z)$进行拟合。对于log-sum模式的似然估计问题，变分自动解码器显示出有效且快速的优化性能，并且广泛应用在各种生成式任务中，如图像生成[78]和视频帧预测[79]。通过将未标注的语义背景信息看作隐变量z，指称语理解任务也可以表示为log-sum的似然估计问题。一些指称语理解任务的近期工作采用多实例学习[80]框架。多实例学习是对log-sum似然进行sum-log估计。例如，Hu等人[20]中的最大池化函数$\log\max_z p(x,z)$可以看作sum-log函数$\sum_z \log p(x\,|\,z)p(z)$，其中若物体$z$被选定为背景信息，则$p(z)=1$，否则$p(z)=0$，即有且只有一个物体被选定为背景信

息。Nagaraja 等人[21] 采用函数 $\log\left(1 - \prod_z (1 - p(x,z))\right)$，等价于在至少包含一个正例的情况下，对 $\sum_z \log p(x,z)$ 进行最大化。然而，sum-log 估计的方法将每一个 (x,z) 配对都用来对背景估计进行解释，使得计算复杂度增大[81]。与之相对的是，我们利用变分贝叶斯下界得到一个更优的 sum-log 估计。

2.3 变分背景框架

2.3.1 问题表述

本章采用指称语理解经典的两阶段任务定义，即第一阶段从图像中生成候选区域，第二阶段在候选区域中选择最相关的区域。第一阶段可以看作目标检测子任务，第二阶段则为区域检索子任务。在两阶段任务中，候选区域生成阶段可以通过预训练模型实现，因此模型只需要关注区域检索阶段。在两阶段指称语理解任务中，给定图像 I 和指称语 L，模型需要从候选区域集合 $\mathcal{X}$ 中检索出目标物体 x^*。本书通过最大化以下条件概率分布的对数似然，对目标物体 $x^* \in \mathcal{X}$ 进行定位：

$$x^* = \arg\max_{x \in \mathcal{X}} \log p(x \mid L) \qquad (2.1)$$

为了简洁起见，这里省略 $p(x \mid I,L)$ 中的 I。

需要指出的是，在实际应用中，我们难以获得对语义背景的标注，而背景可以被看作隐变量 z。因此，式（2.1）可以转化为对以下条件边际分布的对数似然估计的最大化操作：

$$x^* = \arg\max_{x \in \mathcal{X}} \log \sum_z p(x, z \mid L) \qquad (2.2)$$

近期的多实例框架[20-21] 假设 z 为唯一的物体或区域，即 $z \in \mathcal{X}$。然而在现实情况中，z 可能不是唯一的区域。举例而言，在指称语"一个比周围的大象更大的大象"中，背景物体"周围的大象"需要被理解为 $\mathcal{X}$ 的子集，即多个物体的组合。然而，对所有的子集进行评估会造成非常大的采样空间，需要 $\mathcal{O}(2^{|\mathcal{X}|})$ 的搜索复杂度。因此，式（2.2）中的运算在实际场景中不够通用。本章使用变分下界[76] 来估计式（2.2）中的边际分布：

$$\log p(x \mid L) = \log \sum_z p(x, z \mid L) \geqslant \mathcal{Q}(x, L)$$

$$= \underbrace{\mathbb{E}_{z \sim q_\phi(z \mid x, L)} \log p_\theta(x \mid z, L)}_{\text{定位}} - \underbrace{\text{KL}(q_\phi(z \mid x, L) \,\|\, p_\omega(z \mid L))}_{\text{正则化}}$$

$$(2.3)$$

其中，$\text{KL}(\cdot)$ 代表 KL 散度（Kullback-Leibler divergence）；ϕ、θ 和 ω 分别代表着分布对应的参数集合。如图 2.2 所示，对于指称语理解问题，下界 $\mathcal{Q}(x, L)$ 提供了一种探索目标物体与语义背景之间联系的新的视角。式（2.3）中存在两项，分别为定位（localization）和正则化（regularization）。定位项

计算在给定估计的语义背景 z 情况下的定位分数，并通过 θ 进行参数化。特别地，我们设计了一个后验概率 $q_\phi(z\,|\,x,L)$，利用这一后验估算真实的语义背景后验 $p(z\,|\,x,L)$。这一后验通过 ϕ 进行参数化实现。从变分自动编码器[76,82] 的角度来看，这一项起到了编码和解码的作用，其中 q_ϕ 将 x 编码为 z，p_θ 将 z 解码为 x。

正则化的目的在于对估计的语义背景进行约束。由于 KL 散度是非负的，因此最大化 $Q(x,L)$ 将使得后验 q_ϕ 与先验 p_ω 更为接近。换言之，从 $q_\phi(z\,|\,x,L)$ 采样得到的语义背景估计 z 与指称语本身的语义背景 $p_\omega(z\,|\,L)$ 不应相差太大。由于估计的语义背景 z 可能过于聚焦在区域视觉特征上，而没有考虑指称语中的语言信息，因此这一项的存在是必要的。

更进一步，我们希望估计的语义背景 z 包含明确的语义信息，使得 z 不仅可以进行指称语定位，同时也可以用于重建指称语。这一想法可以看作将指称语理解与生成进行统一。我们将语义先验 $p(z\,|\,L)$ 分解为

$$p(z\,|\,L) = g(x,L)p(L\,|\,z) \qquad (2.4)$$

其中，$g(x,L)$ 函数代表 $p(z)/p(L)$。为了简洁起见，我们省去了 $z(x)$ 中的 x。在这里，似然 $p(L\,|\,z)$ 表示根据语义背景 z 生成指称语 L。通过将式（2.4）应用在式（2.3）上，可以得到包含 $p(L\,|\,z)$ 的下界 $Q'(x,L)$：

$$Q'(x,L) = \mathbb{E}_{z \sim q_\phi(z|x,L)} \big[\log p_\theta(x \mid z,L) - \log q_\phi(z \mid x,L) +$$

$$\log g(x,L) + \log p(L \mid z) \big]$$

$$(2.5)$$

2.3.2　指称语理解

下界 $Q(x,L)$ 将式（2.2）中的 log-sum 变为式（2.3）中的 sum-log，并且可以通过蒙特卡罗无偏梯度求解（如 REINFORCE[83]）进行优化。然而，由于 ϕ 依赖于 z 的采样，而 z 的采样复杂度 $\mathcal{O}(2^{|x|})$ 较大，因此通过采样方式得到的 ϕ 的梯度方差会很大，不利于稳定训练。考虑到以上原因，我们将 $q_\phi(z \mid x,L)$ 实现为解码器：

$$z = f(x,L) = \sum_{x' \in \mathcal{X}} x' \cdot q_\phi(x' \mid x,L) \qquad (2.6)$$

其中，q_ϕ 实现为得分函数，且满足 $\sum_{x'} q_\phi(x' \mid x,L) = 1$。将式（2.6）应用于式（2.3），可以将 $Q(x,L)$ 改写成随机梯度下降中只需一个样本的估计：

$$Q(x,L) = \log p_\theta(x \mid z,L) - \log q_\phi(z \mid x,L) + \log p_\omega(z \mid L)$$

$$(2.7)$$

在监督学习的设定中，目标物体的标注是已知的。为了将目标物体与其他物体区分开，我们希望模型能够对目标物体 x 输出较高的 $p(x \mid L)$（即 $Q(x,L)$），同时对其他物体 x' 得到较低的 $p(x' \mid L)$（即 $Q(x',L)$）。因此，我们采用 Mao 等人[7]

提出的最大交叉互信息损失函数（Maximum Mutual Information loss function）$\log\left\{ \mathcal{Q}(x,L) \middle/ \sum_{x'} \mathcal{Q}(x',L) \right\}$，使用如下得分函数：

$$\mathcal{Q}(x,L) \propto \mathcal{S}(x,L) = s_\theta(x,L) - s_\phi(x,L) + s_\omega(x,L) \quad (2.8)$$

由于在式（2.6）中，z 是 x 的函数，因此我们省略 z。s_θ、s_ϕ 和 s_ω 分别是对 p_θ、q_ϕ 和 p_ω 进行实现的得分函数，细节将在后文详述。与式（2.8）相似，我们可以将指称语生成融合到本书提出的变分框架中：

$$\mathcal{Q}'(x,L) \propto \mathcal{S}'(x,L) = s_\theta(x,L) - s_\phi(x,L) + s_{\omega'}(x,L) + s_\psi(x,L)$$
$$(2.9)$$

其中，$s_{\omega'}$ 代表 $g(x,L)$ 的得分函数，并且与 s_ω 具有相同的网络结构。s_ψ 代表 $p(L \mid z)$ 的得分函数。通过这种方式，最大化式（2.7）等价于最小化如下的损失函数：

$$\mathcal{L}_s = -\log\mathrm{softmax}\,\mathcal{S}(x_{\mathrm{gt}},L) \quad (2.10)$$

其中，softmax 对所有的 $x \in \mathcal{X}$ 进行运算，x_{gt} 代表数据集标注的目标区域。

需要指出的是，以上目标物体与语义背景相互促进学习的模式也可以应用到无监督设定中。在无监督设定里，目标物体和语义背景均没有标注信息。在这一设定中，我们采用了图像级别的最大池化多实例学习损失函数：

$$\mathcal{L}_u = -\max_{x \in \mathcal{X}} \log\mathrm{softmax}\,\mathcal{S}(x,L) \quad (2.11)$$

其中，softmax 对所有的 $x \in \mathcal{X}$ 进行运算。根据指称语理解问题的设定，每个指称语与图像对只有唯一的标准答案，因此使用最大池化多实例学习损失函数是合理的。

在测试阶段中，对于监督设定和无监督设定，我们均从 $x \in \mathcal{X}$ 中选择具有最大得分的区域 x^* 作为预测结果：

$$x^* = \arg \max_{x \in \mathcal{X}} \mathcal{S}(x, L) \tag{2.12}$$

2.3.3 指称语生成

在训练阶段，我们从 $p(x \mid L)$ 中随机采样一个区域 $\hat{x}$，并通过式（2.6）计算它的估计背景 $\hat{z} = f(\hat{x}, L)$ 以进行指称语生成。在这里，我们通过采样获得区域而没有直接使用标准标注的目标物体，目的是通过指称语生成结果对错误的定位结果进行惩罚修正。然而，在使用离散确定的区域时，生成的损失函数 $\mathcal{L}_G = \mathbb{E}_{x \sim p(x \mid L)} \mathcal{L}_c(x, L)$ 对指称语理解部分不可导。因此，我们采用策略梯度（policy gradient）算法 REINFORCE[83] 保证端到端的学习。生成损失函数 $\mathcal{L}_G$ 的梯度 $\nabla \mathcal{L}_G$ 为

$$\nabla \mathcal{L}_G = E_{x \sim p(x \mid L)} \left[\mathcal{L}_c(x, L) \nabla \log p(x \mid L) + \nabla \mathcal{L}_c(x, L) \right]$$

$$\tag{2.13}$$

在实际应用中，梯度 $\nabla \mathcal{L}_G$ 可以通过蒙特卡罗采样进行估计：

$$\nabla \mathcal{L}_G \approx \frac{1}{K} \sum_{k=1}^{K} \left[\mathcal{L}_c(x_k, L) \nabla \log p(x_k \mid L) + \nabla \mathcal{L}_c(x_k, L) \right]$$

$$\tag{2.14}$$

其中，x_k 从 $p(x\,|\,L)$ 中采样得到。在实际应用中，我们设定 $K=1$。由于 $p(x\,|\,L)$ 是可导的，因此以上梯度可以回传到指称语理解部分。借鉴 Weaver 等人[84] 的方法，我们同样使用平滑基准值 b 来减小因使用 REINFORCE 而增大的梯度方差，并且将式（2.14）中的 $\mathcal{L}_c(x_k,L)$ 替换为 $\mathcal{L}_c(x_k,L)-b$。在第 t 个时刻，平滑基准值 b_t 可以通过对损失函数 $\mathcal{L}_c(x,L)$ 进行指数衰减累计进行估计：

$$b_t = 0.9 \times b_{t-1} + 0.1 \times L_c(x_{k_t}, L) \qquad (2.15)$$

2.3.4 模型实现

变分背景框架包括区域特征提取模块、语言特征提取模块、定位模块以及生成模块。借助于式（2.6）中的语义背景和式（2.14）中的 REINFORCE，这些子模块可以进行端到端的训练。下面将介绍每个子模块的实现细节。

对于区域视觉特征而言，机器首先通过预训练好的区域生成器[85] 或目标检测器[86] 从图像中提取兴趣区域（Region of Interests，RoIs）$\mathcal{X}$，并对每个区域提取特征 $\boldsymbol{x}_i$。其中，$\boldsymbol{x}_i$ 是视觉特征 $\boldsymbol{v}_i$ 与空间特征 $\boldsymbol{p}_i$ 的结合。视觉特征 $\boldsymbol{v}_i$ 可以通过预训练好的卷积神经网络进行提取。我们如果可以获知区域所属的类别，就可以进一步比较同类别中不同区域之间的视觉信息差别，这一差别可以反映诸如"最大的大象""大象宝宝"等。我们将视觉差别特征（visdif）[6]

$$\delta \boldsymbol{v}_i = \frac{1}{n} \sum_{j \neq i} \frac{\boldsymbol{v}_i - \boldsymbol{v}_j}{\| \boldsymbol{v}_i - \boldsymbol{v}_j \|}$$ 拼接到原始的视觉特征 $\boldsymbol{v}_i$ 上，其中 n 代表用来比较的区域数量（例如和兴趣区域具有相同类别的区域数目）。对于空间特征而言，我们使用五维的位置信息 $\boldsymbol{p}_i = \left[\frac{x_{tl}}{W}, \frac{y_{tl}}{H}, \frac{x_{br}}{W}, \frac{y_{br}}{H}, \frac{wh}{WH} \right]$，包含四个顶点位置（$x_{tl}$、$y_{tl}$、$x_{br}$、$y_{br}$）与面积信息，其中 wh 代表兴趣区域的面积，WH 代表图像面积。

对于语言特征提取而言，一种直观上的策略是使用额外的自然语言解析器，将指称语分解为不同的语法部分，如主语、谓语、宾语等。然而，在指称语理解问题中，传统的自然语言解析器（例如 Standford Dependency）并不是最优选择[20]，而且不能进行端到端的训练。因此，我们使用语言注意力机制将指称语进行分解，同时保证端到端的训练。语言注意力机制是对词向量进行加权和[20,87-88]，不同的权重组合会产生不同的语言特征表示。图 2.3 展示了视觉文本特征表达的提取模块，受启发于这一点，将指称语表示为不同线索特定（cue-specific）的语言特征。具体而言，背景线索特征帮助估计语义背景先验，即用于背景估计；定位线索特征用来帮助定位区域，即用于区域定位；通用线索特征用来通过指称语文本对视觉背景加以约束，即希望估计的背景与指称语中所描述的背景信息相近。一般而言，背景线索特征 $\boldsymbol{y}^c = [\boldsymbol{y}^{c1}, \boldsymbol{y}^{c2}]$ 由两个特征 $\boldsymbol{y}^{c1}$ 和 $\boldsymbol{y}^{c2}$ 拼接而成，$\boldsymbol{y}^{c1}$ 用于将单个

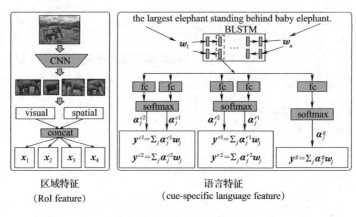

图2.3 视觉文本特征表达

兴趣区域与语言进行连接，y^{c2} 用于刻画区域对的关系。通过与 y^c 表达相似的方式，可以表示定位线索特征为 y^r。每个线索的权重通过两层双向 LSTM 网络（BiLSTM）[89] 对整个指称语进行计算得到。具体而言，h_j 是 4 000 维向量，将第 j 个单词的正向和反向隐含层表示进行拼接，其应用于单个区域和成对区域的对应的单词注意力权重 α_j 和语言特征 y 可以通过如下计算得到：

$$m_j = \text{fc}(h_j), \quad \alpha_j = \text{softmax}_j(m_j), \quad y = \sum_j \alpha_j w_j \quad (2.16)$$

其中，w_j 代表 300 维的词向量。双向 LSTM 网络可以和整个网络一起进行端到端的训练。图 2.4 展示了针对不同的指称语，线索特定的语言特征动态地对单词进行加权。我们可以看到两个有趣的现象：第一，刻画单一物体的背景线索特征

c1 近似于均匀分布，而刻画物体间关系的背景线索特征 c2 分布更加尖锐；第二，尽管刻画物体间关系的定位线索特征 r2 相较于 c1 要尖锐一些，但仍然不及刻画单一物体的定位线索特征 r1。这些现象是合理的，原因如下。第一，由于语义背景没有标注信息，关注单一物体的得分（c1）对于语义背景估计的帮助甚微，背景信息更容易通过物体间的关系得分（c2）反映出来，例如"左边""飞盘"。这说明在寻找背景信息时，需要更多考虑物体间的关系。第二，对于具有标注信息的目标物体，单一物体（r1）相较于物体间关系（r2）会更有效，例如"躺着的狗"（"lying dog"）和"黑白色的狗"（"black and white dog"）。这说明在寻找目标物体信息时，需要更多考虑物体本身的属性。第三，通用线索得分 g 随着指称语中的物体类别数量变化而改变。如果背景物体和目标物体同属于一类，那么 g 将更看重描述性或表达关系的，如"躺着"（"lying"）、"站着"（"standing"），否则将更关注名词，如"飞盘"（"frisbee"）。这一现象说明式（2.6）对 z 的估计是有意义的。

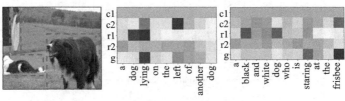

图 2.4　线索特定的语言特征权重示例（见彩插）

图 2.5 展示了指称语理解模块细节。对于指称语理解的得分函数而言，对于任意的图像-指称语对，给定区域特征 x_i 和线索特定的语言特征 y^c、y^r、y^g，式（2.8）实现为

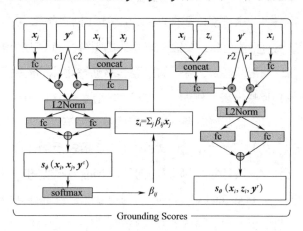

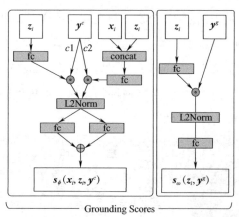

图 2.5　指称语理解模块

$$\begin{cases} \boldsymbol{z}_i = \sum_j \underset{j}{\operatorname{softmax}}(s_\phi(\boldsymbol{x}_i, \boldsymbol{x}_j, \boldsymbol{y}^c)) \boldsymbol{x}_j \\ s_\theta(\boldsymbol{x}, L) \leftarrow s_\theta(\boldsymbol{x}_i, \boldsymbol{z}_i, \boldsymbol{y}^r), \quad s_\phi(\boldsymbol{x}, L) \leftarrow s_\phi(\boldsymbol{x}_i, \boldsymbol{z}_i, \boldsymbol{y}^c), \\ s_\omega(\boldsymbol{x}, L) \leftarrow s_\omega(\boldsymbol{z}_i, \boldsymbol{y}^g) \end{cases}$$

$$(2.17)$$

对于语义背景估计函数 $s_\phi(\boldsymbol{x}_i, \boldsymbol{x}_j, \boldsymbol{y}^c)$ 而言，这一函数对背景后验 $q_\phi(z \mid x, L)$ 进行建模，给定 $\boldsymbol{x}_i$ 作为候选的目标区域，我们计算任意的区域 $\boldsymbol{x}_j$ 作为背景的似然。同样，我们也可以使用这一函数来估计最终的背景后验得分 $s_\phi(\boldsymbol{x}_i, \boldsymbol{z}_i, \boldsymbol{y}^c)$。具体而言，背景估计得分是对单一分数和配对分数求和，即对单一物体 $\boldsymbol{x}_j$ 的分数 $\boldsymbol{y}^{c1}$，以及对配对物体 $[\boldsymbol{x}_i, \boldsymbol{x}_j]$ 的分数 $\boldsymbol{y}^{c2}$。每个分数以正则化的特征作为输入，通过全连接层计算得到

$$\begin{cases} \boldsymbol{m}_j^1 = \boldsymbol{y}^{c1} \odot \operatorname{fc}(\boldsymbol{x}_j), \quad \boldsymbol{m}_j^2 = \boldsymbol{y}^{c2} \odot \operatorname{fc}([\boldsymbol{x}_i, \boldsymbol{x}_j]) \\ \widetilde{\boldsymbol{m}}_j^1 = \operatorname{L2Norm}(\boldsymbol{m}_j^1), \quad \widetilde{\boldsymbol{m}}_j^2 = \operatorname{L2Norm}(\boldsymbol{m}_j^2) \\ s_\phi(\boldsymbol{x}_i, \boldsymbol{x}_j, \boldsymbol{y}^c) = \operatorname{fc}(\widetilde{\boldsymbol{m}}_j^1) + \operatorname{fc}(\widetilde{\boldsymbol{m}}_j^2) \end{cases} \quad (2.18)$$

其中，按位乘操作 $\odot$ 可以有效地融合多模态特征[90]。根据式（2.6），可以得到估计的背景 z 为 $\boldsymbol{z}_i = \sum_j \beta_j \boldsymbol{x}_j$，其中 $\beta_j = \underset{j}{\operatorname{softmax}}(s_\phi(\boldsymbol{x}_i, \boldsymbol{x}_j, \boldsymbol{y}^c))$。

对于指代目标检测分数 $s_\theta(\boldsymbol{x}_i, \boldsymbol{z}_i, \boldsymbol{y}^r)$ 而言，在得到背景特征 $\boldsymbol{z}_i$ 后，可以使用这一函数计算在给定背景 $\boldsymbol{z}_i$ 的情况下，

区域 x_i 成为目标区域的可能性。这一函数与式（2.18）相似。

对于背景正则化得分 $s_\omega(z_i, y^g) - s_\phi(x_i, z_i, y^c)$ 而言，根据对式（2.8）的讨论，这个得分函数衡量了估计的背景 z_i 与指称语中的背景是否相近。$s_\omega(z_i, y^g)$ 只依赖于单个区域：

$$\begin{cases} m_i = y_i^g \odot \mathrm{fc}(z_i), \quad \widetilde{m}_i = \mathrm{L2Norm}(m_i) \\ s_\omega(z_i, y_i^g) = \mathrm{fc}(\widetilde{m}_i) \end{cases} \quad (2.19)$$

图2.6展示了指称语生成模块细节。对于生成得分函数而言，给定区域特征 x_i 和背景特定语言特征 y^c，可以通过式（2.9）中的得分函数来重新生成指称语：

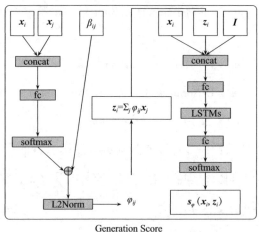

Generation Score

图2.6　指称语生成模块

$$\begin{cases} \hat{z}_i = \sum_j \varphi_j x_j \\ s_\psi(x,L) \leftarrow s_\psi(x_i, \hat{z}_i) \end{cases} \tag{2.20}$$

其中，$\hat{z}_i$ 表示用作生成的估计背景，区域注意力 φ_j 定义为

$$\begin{cases} \beta_j = \underset{j}{\mathrm{softmax}}(s_\phi(x_i, x_j, y^c)) \\ \gamma_j = \underset{j}{\mathrm{softmax}}(\mathrm{fc}([x_i, x_j])) \\ \varphi_j = \underset{j}{\mathrm{L2Norm}}(\beta_j \odot \gamma_j) \end{cases} \tag{2.21}$$

其中，β_j 和 γ_j 分别代表用于指称语定位和生成的区域注意力权重，φ_j 通过按位乘操作 $\odot$ 将权重进行融合。这里，β_j 与定位模块中的背景估计函数共享，因此可以用来评价背景估计是否准确。之后进一步使用语言生成模型[26] 来重新生成指称语。与 Vinyals 等人[26] 不同的是，我们将目标区域 x_i、背景 $\hat{z}_i$ 以及区域特征 I 输入 LSTM 模型中进行序列生成：

$$\begin{cases} w_{-1} = \mathrm{fc}([x_i, \hat{z}_i, I]), h_{-2} = \mathbf{0} \\ w_t = W_e S_t, h_t = \mathrm{LSTM}(w_t, h_{t-1}) \\ p_t = \mathrm{softmax}(\mathrm{fc}(h_t)) \\ s_\psi(x_i, \hat{z}_i) = \prod_t p_t^{\mathrm{T}} S_{t+1} \end{cases} \tag{2.22}$$

其中，W_e 表示词向量矩阵，S_t 为第 t 时刻单词 w_t 的 one-hot 向量表示。开始单词和结束单词分别设定为 w_0 和 w_{T+1}，分别代表指称语生成的开始和结束，其中 T 代表指称语的长度。当语言模型生成结束单词或者序列达到最大长度时，指称语生成完成。

2.4　实验结果

2.4.1　实验设置

本书在四个标准数据集上对指称语理解任务进行评测，分别是 RefCOCO 数据集[6]、RefCOCO+数据集[6]、RefCOCOg 数据集[7,19] 和 RefCLEF[5]。RefCOCO 数据集[6] 基于 MSCO-CO 图像数据集[93] 进行收集，包含了 142 210 个指称语、50 000 个目标物体和 19 994 张图片。数据集分为训练集（train）、验证集（validation）、测试集 A（Test A）和测试集 B（Test B），分别包含了 120 624、10 834、5 657 和 5 095 个指称语-目标物体对。两个测试集的区别在于，Test A 中包含了大量的人，而 Test B 更多地关注其他物体。RefCOCO+数据集[6] 基于 MSCOCO 图像数据集进行收集，包含了 141 564 个指称语、49 856 个目标物体和 19 992 张图片。RefCOCO 数据集同样分为训练集、验证集、测试集 A 和测试集 B，分别包含了 120 191、10 758、5 726 和 4 889 个指称语-目标物体对。RefCOCOg 数据集[7,19] 基于 MSCOCO 图像数据集进行收集，包含了 95 010 个指称语、49 822 个目标物体和 25 799 张图片。与 RefCOCO 数据集和 RefCOCO+数据集不同的是，RefCOCOg 数据集并非通过交互的方式进行收集，而且其包含的指称语具有更长的长度。这些描述语句往往既包含属性特征，也包含位置信息。RefCOCOg 数据集共有两个版本。早期版本[7] 的训练集和验证集分别包含 85 474 和 9 536 个指称语-目标物体对。在早期版本中，一些训练集中的图片也出现在了验证集中。我们将这个版本的验证集表示为"Val*"。新的版本[19] 将图像随机划分至训练集、验证集和测试集，分别包含 80 512、4 896 和 9 602 个指称语-目标物体对。新版本的验证集和测试集分别表示为"Val"和"Test"。与 RefCOCO 数据集和 RefCOCO+数据集相比，RefCOCOg 数据集包含了更长的指称语，因此在指称语理解和生成问题上更具有挑战性。RefCLEF 数据集[5] 包含了 20 000 张图片。为了公平比较，本章也采用文献［15-16］的版本，其中训练集、验证集和测试集分别包含 58 838、6 333 和 65 193 个指称语-目标物体对。

对于指称语理解模块，在语言特征预处理方面，本章预先准备了一个包含 72 704 个单词的字典（vocabulary），并通过 GloVe[94] 对词向量进行初始化。对于字典之外的词，我们给它们设定一个"unk"标识。每个指称语的最大长度设定为 20。如果指称语长度没有达到最大长度，那么我们将使用"pad"标识对其进行填补扩充。对于 RefCOCO、RefCOCO+和 RefCOCOg 数据集，考虑到这些兴趣区域已经被标注上了物体类别，我们使用基于 VGG-16 的 Faeter-RCNN 网络[95] 的 fc7 层输出的 4 096 维向量作为视觉特征，同时将其与相关的视觉差异特征[6] 进行拼接。视觉差异特征通过计算同类物体间的特征差异得到。

考虑到过大的字典会影响句子生成的性能，我们为生成模块额外准备了一个小字典。这个小字典只包含在训练集中出现了 5 次以上的单词。生成的指称语最大长度同样设定为 20。LSTM 的隐含层维度设定为 512。参照 Hu 等人[96] 的设定，本章的实现同样对条件分布 $p(x \mid L)$ 设定熵正则化 5×10^{-3}，希望采样可以在空间上获得更多的选择。在与 Yu 等人[19] 的对比实验中，为了公平起见，实现过程中额外使用了 Yu 等人[19] 提供的视觉特征。

在训练过程中，模型基于单张图片和其标注的多个指称语进行训练。我们应用随机梯度下降法（SGD）进行优化，其中动量设定为 0.95，初始学习率设定为 0.01，在 120 000 次迭代后变为原来的十分之一，直到进行 160 000 次迭代优化为止。双向 LSTM 和全连接层的参数按照 Xavier[97] 的方式进行初始化，并设置权重衰减系数为 5×10^{-4}。对于指称语定位而言，除了在标注的候选物体中进行检索的设定外，另一种通用评测的方法是从检测出的候选物体中定位目标物体。因此，我们也使用基于检测结果的区域进行评估。检测物体区域包括基于 SSD 的检测结果[86]、基于 VGG 的 Faster R-CNN 检测结果[18]，以及基于 ResNet 的 Faster R-CNN 检测结果[19]。对于评价指标而言，如果通过指称语理解得到的区域与标注的目标区域交并比（Intersection-over-Union，IoU）大于0.5，就认为检测结果是正确的。按照惯例，本章使用准确率（P@1）对模型进行评价。

我们将本书提出的变分背景框架（VC）与近年来提出的最新方法进行比较。这些方法包括：基于生成-理解组合的方法，包括MMI[7]、Attr[91]、Speaker[18]、Listener[18]和SCRC[15]；基于定位的方法，包括GroundR[16]、NegBag[21]、CMN[20]、MAttNet[19]、PLAN[92]和A-ATT[17]。其中NegBag和CMN是基于多实例学习的模型。

2.4.2　指称语理解实验结果

表2.1展示了在监督设定和给定候选区域的情况下，基于VGG特征的单一模型性能在RefCOCO、RefCOCO+和RefCOCOg数据集上的比较结果。从实验结果中可以看到，本书提出的变分背景框架取得了比较好的性能。首先，在所有数据集上，除了在Test A上基于强化学习的方法[18]和多种注意力机制的方法[19,92]外，VC超过了其他没有对背景进行建模的方法。其次，与去掉式（2.3）中正则项的模型（即VC w/o reg）相比，VC的性能在所有数据集上提高两个百分点左右。这也说明KL散度在避免背景估计过拟合上的有效性。表2.2展示了在监督设定下，未给定候选区域，基于VGG特征的单一模型性能在RefCOCO、RefCOCO+和RefCOCOg数据集的比较结果，可以得到相似的结论。

表2.1 给定候选区域下基于 VGG 特征的单一模型性能比较

数据集	RefCOCO		RefCOCO+		RefCOCOg
划分	Test A	Test B	Test A	Test B	Val*
MMI[7]	71.72	71.09	58.42	51.23	62.14
NegBag[21]	75.6	78.0	—	—	68.4
Attr[91]	78.85	78.07	61.47	57.22	69.83
CMN[20]	75.94	79.57	59.29	59.34	69.30
Speaker[18]	78.95	80.22	64.60	59.62	72.63
Listener[18]	78.45	80.10	63.34	58.91	72.25
PLAN[92]	80.81	81.32	66.31	61.46	69.47
A-ATT[17]	**81.17**	80.01	**68.76**	60.63	73.18
MAttNet[19]	79.99	82.30	65.04	61.77	73.08
VC w/o reg	75.59	79.69	60.76	60.14	71.05
VC w/oα	74.03	78.27	57.61	54.37	65.13
VC	78.98	**82.39**	62.56	**62.90**	**73.98**

表2.2 未给定候选区域下基于 VGG 特征的单一模型性能比较

数据集	RefCOCO		RefCOCO+		RefCOCOg
划分	Test A	Test B	Test A	Test B	Val*
MMI[7]	64.90	54.51	54.03	42.81	45.85
NegBag[21]	58.6	56.4	—	—	39.5
Attr[91]	72.08	57.29	57.97	46.20	52.35
CMN[20]	71.03	65.77	54.32	47.76	57.47
Speaker[18]	72.95	63.43	**60.43**	48.74	59.51
Listener[18]	72.95	62.98	59.61	48.44	58.32
PLAN[92]	**75.31**	65.52	61.34	50.86	58.03
VC w/o reg	70.78	65.10	56.82	51.30	60.95
VC w/oα	70.73	64.63	53.33	46.88	55.72
VC	73.33	**67.44**	58.40	**53.18**	**62.30**

我们进一步分析了 VC 和基于多实例学习的方法 CMN 之间的对比。如图 2.7 所示，VC 相较于 CMN 而言，可以对背景有更好的估计。举例而言，在上面两行中，VC 的预测结果正确，而 CMN 的预测结果错误。在第二个例子中，CMN 将"女孩"看作语义背景，但是指称语中描述的主体是大象。在第三个例子中，CMN 没有识别出关键的背景信息"飞盘"。在一些 CMN 做对而 VC 做错的例子中，VC 依然可以估计出合理的背景。例如，在第四个例子中，尽管 CMN 正确地找到了电视，但它基于错误的背景信息，即其他的电视。相较而言，VC 正确地估计了背景信息"儿童"。此外，我们发现 CMN 比 VC 更擅长于存在多个人的场景，而 VC 在其他物体的识别上更具优势。

我们进一步探究指称语生成对指称语理解任务的促进作用。表 2.3 展示了结合生成模块性能比较结果。其中，"†"和"‡"分别表示使用了 res101 特征和基于属性短语优化的特征[19]。如表 2.4 所示，结合了生成模块并使用了 REINFORCE 策略梯度方法的 VC 模型（即"VC w/Gen+PG"）在大多数测试数据集上取得了最好的性能。这一结果说明了在变分背景框架中，指称语生成可以有效地促进指称语理解。需要说明的是，生成模块只在训练阶段使用，以促进背景估计和指称语定位。而在测试阶段，我们只需要使用定位模块。因此，测试阶段的模型的结构和参数量与前面单一模型相同。注意到，VC w/Gen 在两个子集上的表现要低于 VC，

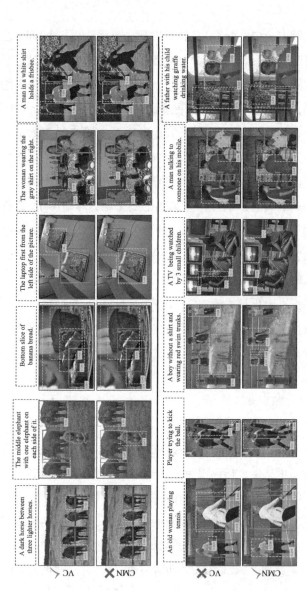

图2.7 VC与CMN可视化结果对比（见彩插）

可能的原因在于对语言的理解较为困难。在 RefCOCO 和 Ref-COCO+数据集中，指称语的平均长度约为 3.6，而在 RefCO-COg 数据集中，指称语的平均长度约为 8.4。这一现象说明了背景估计对定位较长描述的重要性要大于对定位短语或词组的重要性，原因在于较长的描述更有可能包含丰富的背景信息。

表 2.3　RefCOCO 数据集上生成模型的性能比较

	RefCOCO （Test A）			
	BLEU-1	BLEU-2	METEOR	CIDEr
MMI[7]	0.478	0.295	0.175	—
visdif[6]	0.505	0.322	0.184	—
Speaker[18]	—	—	**0.268**	0.697
Gen	0.472	0.299	0.170	0.641
VC w/Gen	0.548	0.361	0.188	0.707
VC w/Gen+PG	**0.556**	**0.368**	0.194	**0.716**
	RefCOCO （Test B）			
	BLEU-1	BLEU-2	METEOR	CIDEr
MMI[7]	0.547	0.341	0.228	—
visdif[6]	0.583	0.382	0.245	—
Speaker[18]	—	—	**0.329**	1.323
Gen	0.548	0.351	0.237	1.271
VC w/Gen	0.628	0.424	0.245	1.356
VC w/Gen+PG	**0.639**	**0.430**	0.252	**1.364**

表 2.4　给定候选区域下结合生成模块的模型性能比较

数据集	RefCOCO		RefCOCO+		RefCOCOg		
划分	Test A	Test B	Test A	Test B	Val*	Val	Test
MAttNet[19]†	81.58	83.34	66.59	65.08	—	75.96	74.56
MAttNet[19]†‡	85.26	84.57	75.13	66.17	—	78.10	78.12
VC	78.98	82.39	62.56	62.90	73.98	74.61	74.58
VC w/Gen	79.16	82.04	62.84	62.88	74.20	74.98	75.06
VC w/Gen+PG	79.30	82.04	63.22	63.12	**74.96**	75.35	75.11
VC w/Gen+PG†	80.40	83.51	67.52	66.46	—	77.49	76.64
VC w/Gen+PG†‡	**86.26**	**85.00**	**76.48**	**68.13**	—	**79.80**	**79.96**

　　我们继续探究了模型在优化视觉特征情况下的性能表现。最近，Yu 等人[19] 使用 ResNet-FPN 替代 VGG 作为网络骨架，用于提取视觉特征。为了公平比较，本章测试了 VC 模型在使用基于 ResNet 的 Faster-RCNN 提取的视觉特征情况下的表现。实验证明，这一特征可以将 VC 模型的性能提高至少 1%，尤其在 RefCOCO+数据集上体现明显。除了 ResNet 特征外，MAttNet[19] 也采用了注意力机制来获得基于短语信息的物体属性的优化特征。为了公平比较，本章使用 Yu 等人[19] 预训练好的模型来提取相应的特征，并将其拼接到原始视觉特征上。如表 2.5～表 2.6 所示，VC w/Gen+PG 在 RefCOCO+和 RefCOCOg 数据集上超过了 MAttNet 至少一个百分点。

表2.5　RefCOCO+数据集上生成模型的性能比较

	RefCOCO+ （Test A）			
	BLEU-1	BLEU-2	METEOR	CIDEr
MMI[7]	0.370	0.203	0.136	—
visdif[6]	0.407	0.235	0.145	—
Speaker[18]	—	—	**0.204**	0.494
Gen	0.353	0.194	0.120	0.415
VC w/Gen	0.426	0.229	0.142	0.518
VC w/Gen+PG	**0.439**	**0.235**	0.151	**0.531**
	RefCOCO+ （Test B）			
	BLEU-1	BLEU-2	METEOR	CIDEr
MMI[7]	0.324	0.167	0.133	—
visdif[6]	0.339	0.177	0.145	—
Speaker[18]	—	—	**0.202**	0.709
Gen	0.364	0.172	0.128	0.659
VC w/Gen	0.391	0.197	0.146	0.731
VC w/Gen+PG	**0.404**	**0.209**	0.154	**0.742**

表2.6　RefCOCOg 数据集上生成模型的性能比较

	RefCOCOg （Val*）			
	BLEU-1	BLEU-2	METEOR	CIDEr
MMI[7]	0.428	0.263	0.144	—
visdif[6]	0.442	0.277	0.151	—
Speaker[18]	—	—	**0.154**	0.592
Gen	0.398	0.233	0.108	0.504
VC w/Gen	0.456	0.281	0.139	0.625
VC w/Gen+PG	**0.467**	**0.287**	0.146	**0.630**

可视化结果进一步帮助我们对模型性能进行分析和理解。图2.8展示了全模型在RefCOCOg数据集上的可视化结果。图中每个例子从左到右分别展示了定位结果、背景估计结果和线索特定的语言特征。其中，红框代表预测的物体定位，绿框代表物体定位的标准答案，蓝框代表概率最大的背景物体。如图2.8所示，全模型对背景和语言特征均得到了合理的估计。举例而言，对于指称语"一个被喂奶的小牛"（"A calf being bottle fed"），单词"小牛"（"calf"）对于定位线索特征最为重要。由于图像中有两头小牛，全模型在背景线索与通用线索特征值中均强调了"喂"（"fed"）这一关键词。同时，根据识别到的"喂"这一关系，在视觉背景中，全模型正确地聚焦在瓶子和人上面。此外，我们也展示了一些RefCOCOg上具有代表性的失败示例。如图2.9所示，失败示例可归纳为四类，分别是指称语歧义、检测不准确、背景估计错误和定位结果错误。指称语歧义指的是指称语可以匹配多个候选物体，即指代不明确。在第1行的示例中，实际上两个定位结果都可以认为是准确的，因为它们都与指称语的描述相匹配。检测不准确指的是目标物体部分地被检测到，或完全没有被检测到，这是检测器的性能局限性所造成的。尽管我们的模型定位到了物体，然而只有物体的一部分被成功检测到。背景估计错误是指背景估计的结果是不正确的。错误估计的背景会使得模型不能从同类物体中找到目标物体。定位结果错误是指在其他模块正确的情况下，定位结果不正确。

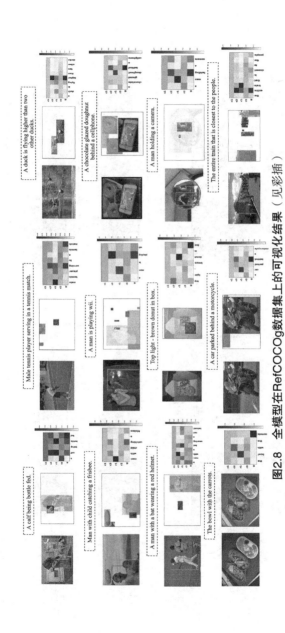

图2.8 全模型在RefCOCOg数据集上的可视化结果（见彩插）

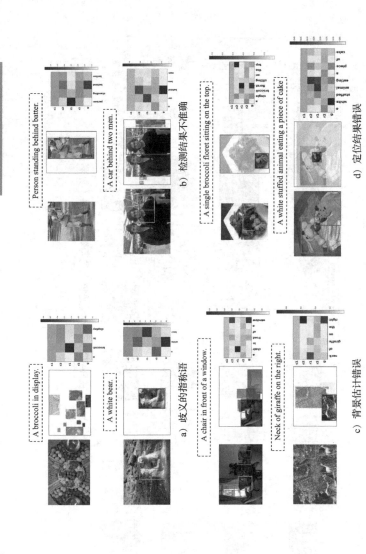

图2.9 全模型在RefCOCOg数据集上的失败示例（见彩插）

对于无监督设定的评测，参照 GroundR[16] 的标准进行。虽然无监督设定中不包含目标物体的标准答案标注，但是指称语可以被看作图像级别的弱监督标注信息。因此在一些工作[25]中，无监督设定也被称作弱监督检测。表 2.4 展示了 RefCLEF 数据集上无监督设定的结果。从表中可以看出，VC 单模型的性能超过了最优方法 GroundR，这说明使用语义背景信息同样可以帮助解决无监督设定下的指称语理解问题。由于在 RefCOCO、RefCOCO+ 和 RefCOCOg 数据集上没有公开发表的实验结果，表 2.7 和表 2.8 仅报告了本章模型及其消融实验结果。

表2.7　非监督设定、给定候选区域下 RefCLEF 数据集上的消融实验

数据集	RefCOCO		RefCOCO+		RefCOCOg
划分	Test A	Test B	Test A	Test B	Val*
VC w/o reg	13.59	21.65	18.79	24.14	25.14
VC	17.34	20.98	23.24	24.91	**33.79**
VC w/o α	**33.29**	**30.13**	**34.60**	**31.58**	30.26

表2.8　非监督设定、未给定候选区域下 RefCLEF 数据集上的消融实验

数据集	RefCOCO		RefCOCO+		RefCOCOg
划分	Test A	Test B	Test A	Test B	Val*
VC w/o reg	17.14	22.30	19.74	24.05	28.14
VC	20.91	21.77	25.79	25.54	**33.66**
VC w/o α	**32.68**	**27.22**	**34.68**	**28.10**	29.65

在表中，我们可以得到如下关键的结论：

（1）语义背景先验（context prior）　VC w/o reg 代表的

是式（2.3）中不包含 KL 散度的基线模型，即不包含语义背景先验。可以看到，在大多数情况下，VC 要超出 VC w/o reg 至少 2%，甚至在未给定候选区域情况下，在 RefCOCO+ 和 RefCOCOg 数据集上甚至超出了 5%。这一提升的原因是，在无监督设定下，式（2.6）中的语义背景估计项会倾向于关注与指称语不相关的图像区域，因此在无监督设定中，语义背景先验很有必要。

（2）语言特征　在表 2.9 中，α 代表线索特定的单词注意力，即语言特征。VC w/o α 表示去掉了单词注意力，并且改用单词特征的平均值。除了 RefCOCOg 外，我们发现在无监督设定下，线索特定的特征并没有效果，即 VC w/o α 要优于 VC。这一现象与监督设定中的观察相悖，这是因为 VC w/o α 没有采用任何语言结构信息。因此，对于长度较短的指称语而言，VC w/o α 表现更好。然而 RefCOCOg 数据集上的指称语较长，丢弃语言结构会导致性能下降。因此，对于长度较长的指称语而言，VC 表现更好。

表 2.9　RefCLEF 数据集上的性能比较

设定	监督	监督	非监督
候选区域是否给定	是	否	否
SCRC[15]	72.74	17.93	—
GroundR[16]	—	26.93	10.70
CMN[20]	81.52	28.33	—
VC	**82.43**	**31.13**	14.11
VC w/o α	79.60	27.40	**14.50**

2.4.3　指称语生成实验结果

对于生成式任务，我们使用 BLEU、METEOR 和 CIDEr 等指标对模型进行评测。这些指标被广泛地应用在生成式描述评价任务中。基于以上指标的评价结果如表 2.7～表 2.9 所示。在这里，"Gen"代表在没有定位模块的情况下对生成模块单独进行训练。从实验结果可以看出，定位模块能够帮助生成模块进行提高，这也说明了估计准确的背景信息有助于生成模块产生指称语。此外，我们的全模型（VC w/Gen+PG）在 BLEU-1、BLEU-2 和 CIDEr 上取得了最好的性能，而在 METEOR 上的表现稍差。

图 2.10 展示了一些指称语生成结果示例。从图中可以看出，全模型能够生成带有重要背景信息的语义准确的指称语，这些语义信息包括地点（如左（left）、右（right））、颜色（如红（red）、蓝（blue））以及相关物体（如红 T 恤（red shirt）、牵着狗（holding a dog））。图 2.10 也展示了一些失败例子。例如，在 RefCOCO+（Test A）的第二个例子中，模型通过"模糊不清"（blurry）来描述处于背景中的观众，以此来与前景的击球员区分开。然而，在区分背景中的观众时，模型没能利用颜色和位置等信息。

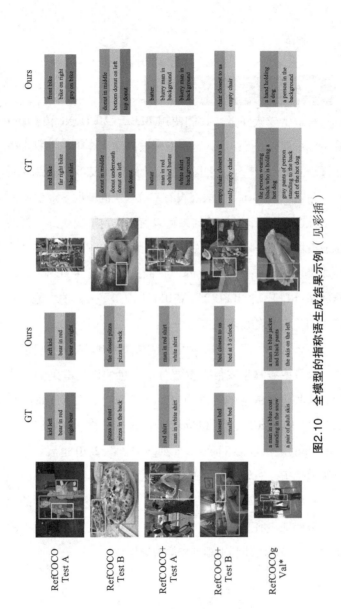

图2.10　全模型的指称语生成结果示例（见彩插）

2.5 小结

本章对指称语理解这一单轮交互场景下的代表性视觉语言问题进行探索，指出视觉和语言背景的建模对视觉语言交互问题具有重要帮助。虽然传统的基于多实例学习的框架考虑到了通过背景建模对指代目标进行定位，但是该框架对背景复杂度进行过度化简，未能很好地解决语义背景建模问题。为了解决这一挑战，本章提出了变分背景框架，以类似变分自编码器的思想考虑指代目标和语义背景之间的联系，先通过候选目标对语义背景进行估计，再通过估计的背景对指代目标进行定位。这一策略有效地降低了语义背景采样复杂度。此外，为了更好地对语义背景进行估计，变分背景框架可以进一步将指称语生成任务纳入其中，使生成任务帮助提升背景估计和目标定位。

对于指称语理解问题而言，未来研究方向主要是高性能和高效率两个方面。对于高性能而言，视觉推理仍扮演重要角色。如何将非结构化的指称语文本和视觉物体进行匹配，并进一步根据视觉物体之间的关系对指代目标进行定位，仍是指称语理解的重要目标。对于高效率而言，传统的指称语理解模型采用两阶段的处理，即首先使用目标检测模型提取候选物体，然后在候选物体中检索出指代目标。然而，两阶段模型的效率相对较低，且对目标检测模型准确性的依赖较大。一些研究已经开始关注单阶段模型，即将目标检测与检索融为一体。在这种情况下，如何将两阶段模型中的视觉推理思想运用到单阶段模型上，是未来研究的重要问题。

第 3 章

多轮交互情形下的视觉对话

在一些复杂的视觉任务中，用户需要借助机器获取多方面的视觉场景信息，或者需要机器在视觉场景下进行多个步骤的操作。在这种情况下，单轮的人机交互不能满足用户的需求。因此，研究者们开始把目光转向多轮交互的场景，其中代表性任务有视觉对话与视觉探索等。视觉对话与视觉探索任务的共同点在于，机器不能仅仅根据单轮的自然语言指令进行反馈，而是需要处理来自用户的多条连续相关指令，并不断给予用户反馈，最终基于多轮交互行程的历史记录和当前指令进行动态、连续的推理。以视觉对话为例，视觉对话的初衷是使用户在无法完全接触视觉场景的特殊情形下，通过人机交互的方式了解视觉场景，以获取感兴趣的信息。在交互过程中，用户向机器提出感兴趣的问题，机器人根据图像对问题进行回复，而后用户沿着对话历史继续进行提问。通过多轮对话的方式，机器人可以帮助用户了解视觉场景。在这种情况下，由于对话历史信息是动态变化的，机器需要推理出视觉与语言之间的动态相关性，综合历史信息进行知识建模，进而了解用户的意图。因此，与单轮交互的视觉推理相比，多轮交互的视觉推理系统更强调对动态交互过程中的线索进行总结归纳，建立合理完整的推理链。本章将以视觉对话这一经典的视觉语言交互问题进行研究。

3.1 研究概述

近年来，视觉与语言信息的理解已经成为计算机视觉与自然语言处理领域中广受关注的挑战性问题。借助深度神经网络的快速发展以及大规模数据集的建立，研究者们在众多视觉语言任务中取得了明显进展，如看图说话、视觉问答等。然而，视觉语言中的理解与推理问题远没有解决，尤其是在多轮人机交互场景中，比如视觉对话、视觉语言探索等。

视觉对话（visual dialog）任务可以看作视觉问答（visual question answering）任务的一般形式。如图 3.1 所示，视觉问答任务是对给定的图像进行问答。在问答过程中，机器通常需要对视觉（如图像、视频）和文本内容（如问题）进行理解和推理，而后针对相关的视觉内容进行对问题回答。与单轮的视觉问答不同的是，视觉对话是关于视觉内容的多轮问答任务,即对话由多轮问答组成。目前常用的数据集为 VisDial[4],这一数据集通过亚马逊劳务众包平台(Amazon Mechanical Turk,AMT)进行收集标注。在收集过程中,两个参与人员通过一个模拟对话的游戏进行标注。其中,一个人扮演提问者的角色,在看到图片文字描述(即图片标题,image caption)的情况下对看不见的图片进行多轮提问,以此了解图片内容。另一个人扮演回答者的角色,根据提问者的问题、对话历史以及图像内容进行回答。这一任务介于目标导向(goal-oriented)和目标自由(goal-free)之间。一方面,对话围绕着给定的图像展开,具有一定的目标性。另一方面,除了给定图像外,对话没有任何约束,提问者和回答者可以自由进行对话。在目前最大规模的视觉对话数据集 VisDial 中,有98%的对话和38%的问题包含至少一个代词(如它、它们、这个等)。因此,视觉对话中一个关键挑战是视觉指代消解(visual coreference resolution),即如何将文本中的指代词与图像中的物体进行匹配。最近一段时间,研究者尝试通过注意力记忆网络(Attention Memory Network)[34]从句子层面进行视觉指代消解,以及通过神经模块网络(Neural Module Network)[35]从单词层面进行视觉指代消解。具体而言,注意力记忆网络将每一轮对话的视觉注意力进行存储,而神经模块网络则将对话历史中识别出的实体进行存储。这两种方法都采用了覆盖全部存储的视觉注意力的软性记忆力(soft attention)机制。然而,人类在进行对话的过程中，并不会回顾所有的对话历史，而是仅仅考虑与当前话题相关的对话历史。受启发于人的思考模式，我们希望对话机器人在对话过程中，能够模拟人的思维方式进行推理。

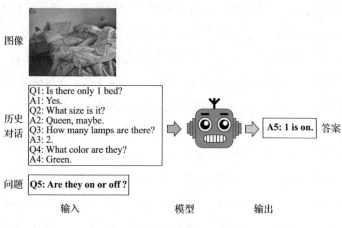

图像

历史
对话

问题

输入   模型   输出

图 3.1 视觉对话任务图示

当人在进行对话的时候，不会对每个问题都去回想之前对话历史的内容，而是只有目前的问题信息有限、必须借助对话历史才能理解时，才会从相应的对话历史中寻找关键信息。如图 3.2 所示，对于问题"它们是开着的还是关着的"（"Are they on or off?"），由于问题中存在指代不明的代词"它们"，因此在作答过程中，首先需要理解"它们"指代的是对话历史以及图像中的哪些物体。对于对话机器人而言，上述思想可以通过递归的方式进行实现。具体而言，对话机器人可以通过递归地回溯对话历史，判断当前问题是否表意清楚。如果问题表意明确，例如"那里有多少盏灯"（"How many lamps are there?"），那么机器可以直接根据问题进行作答，递归过程也随之中止。对于上述思想的实现，一种直觉上的想法是使用自然语言解析器，根据语法将问题进行解析。每当遇到代词时，对话机器人就对历史进行回溯。然而，并非所有包含代词的句子都需要进行回溯，如"今天是不是晴天"（"Is it sunny?"）。另外，一些没有包含代词的缩略语也可能表意不清，如"什么颜色?"（"What color?"）。因此，自然语言解析器并不能很好地达成这个目标。

基于以上考虑，本章提出递归视觉注意力模型（Recursive visual Attention，RvA），通过视觉指代消解的思想进行处理。如图 3.2 所示，对话机器人首先判断它是否能根据当前问题，从图像中提取出相关视觉内容。如果当前问题的信息量不足以进行回答，那么对话机器人将递归地回溯与当前问题具有同一主题的对话历史，并优化从图像中提取的视觉信息。其中，视觉信息通过视觉注意力形式加以呈现。借助于 Gumbel-Max 及其衍生方法[98-100]，对话机器人可以在进行离散决策的同时，保证端到端的训练。为了实现如上目标，我们设计了两种不同类型的语言特征。其中，指代导向（reference-aware）的问题特征用于计算视觉注意力权重与判断是否中止递归，问答导向（answer-aware）的语言特征用于激活与问答类型相关的视觉特征。

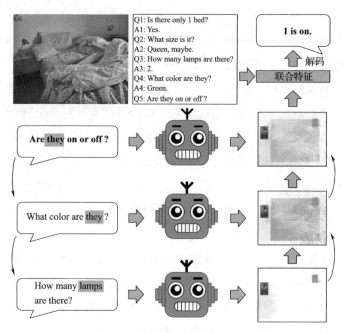

图 3.2　递归视觉注意力概览

3.2　相关工作

视觉对话是最近提出的视觉语言任务，需要机器在理解对话历史记录的基础上，根据图像中相关的视觉内容进行作答。最近，在亚马逊劳务众包平台存在两个流行的视觉对话数据集。其中，De 等人[101] 根据合作的两人游戏中收集了

GuessWhat 数据集。给定整个图片及其标题后，一个玩家会提出问题来定位所选对象，而另一位玩家则回答"是""否"或"不清楚"。然而，这些问题的答案空间有限，仅限于封闭式问题。相比之下，在 Das 等人[4] 收集 VisDial 数据集过程中，在实时聊天过程中，提问者根据标题和聊天历史记录对看不到的图像中视觉内容进行提问，而回答者则通过观察图片进行无约束的回答。考虑到答案的全面性，我们将使用 VisDial 作为研究数据集。

本书架构受启发于视觉指代消解。视觉指代消解是将指称语（通常是代词、名词等短语）中的相关实体进行连接，并在视觉媒介（图像、视频等）中找到对应的视觉物体。视觉指代消解的思想已用于许多视觉理解任务，例如指称语理解[102]、动作识别[103-104] 和场景理解[105]。视觉对话任务中的一些研究也用到了视觉指代消解的思想。其中，Lu 等人[33] 提出了一种基于对话历史的注意力机制，隐式地处理视觉指代消解问题。Seo 等人[34] 使用注意力模型，以句子级别的粒度对对话历史中的图像注意力进行存储。Andreas 等人[106] 采用神经模块网络结构，将历史中的实体以单词级别进行提取和存储。注意到这些工作均采用了对所有存储视觉注意力表示进行加权的操作。我们希望对话机器人在进行视觉指代消解时，可以选择性地对历史信息中的实体进行存储和使用。

3.3　预备知识

本节首先给出视觉对话任务的定义。视觉对话的输入包括图像 I，对话历史 $H=\{\underbrace{c}_{h_0},\underbrace{(q_1,a_1)}_{h_1},\cdots,\underbrace{(q_{T-1},a_{T-1})}_{h_{T-1}}\}$ 以及当前第 T 轮的问题 q_T，其中 c 代表图像的标题描述，(q,a) 表示问题-答案对。基于图像、对话历史和当前问题，对话机器人需要输出对应的答案。视觉对话任务中经典模型架构为编码器-解码器（encoder-decoder）框架。其中，编码器用于对多模态输入（问题、图像、对话历史）进行处理，输出为多模态特征表示。解码器通常分为两类，第一类为生成式（generative）设定，通过递归神经网络（Recurrent Neural Network，RNN）生成答案序列；第二类为判别式（discriminative）设定，通过计算多模态特征与候选答案 $A_T=\{a_T^{(1)},\cdots,a_T^{(100)}\}$ 的相似性对答案进行排序。对于判别式设定而言，常用的损失函数为基于 softmax 的交叉熵损失函数[4]和基于排序的多类别 N-Pair 损失函数[33]。

3.4　递归视觉注意力模型

递归视觉注意力模型的整体框架如算法 1 所示。在这里，$\mathcal{Q}=\{q_0,q_1,\cdots,q_T\}$ 代表问题特征的集合，其中 q_0 代

表标题的特征 c，$\mathcal{H}=\{\boldsymbol{h}_0,\boldsymbol{h}_1,\cdots,\boldsymbol{h}_{T-1}\}$ 代表历史特征的集合，$\mathcal{V}=\{\boldsymbol{v}_1,\cdots,\boldsymbol{v}_K\}$ 代表区域特征的集合。给定任意的问题 q_t，对话机器人首先"判断"它是否能够直接根据问题进行视觉定位。如果对话机器人认为自己无法做到，那么它将对当前问题 q_t 和与其最相关的对话历史 h_{t_p} 进行匹配，希望在对话历史中找到有价值的信息。这一过程将持续进行，直到对话机器人可以理解当前回溯到的问题，或者对话机器人回溯到了对话开端。在这种情况下，对话机器人以递归的方式对视觉注意力进行建模，将 t 时刻的视觉注意力与所匹配的 t_p 时刻的回溯视觉注意力通过权重 λ 进行融合。对于问题 q_T，递归注意力模型输出的视觉注意力表示为 $\boldsymbol{\alpha}_T=\mathrm{RvA}(\mathcal{V},\mathcal{Q},\mathcal{H},T)$，其中，视觉注意力通常表示为若干区域的权重。这些区域可以是神经网络表示层的网格区域，也可以是通过物体检测得到的候选区域。基于视觉注意力权重，我们可以进一步

算法1　递归视觉注意力模型

1：**function** $\mathrm{RvA}(\mathcal{V},\mathcal{Q},\mathcal{H},t)$
2：　　$\mathrm{cond},\lambda\leftarrow\mathrm{Infer}(\mathcal{Q},t)$
3：　　**if** cond **then**
4：　　　　**return** $\mathrm{Att}(\mathcal{V},\mathcal{Q},t)$
5：　　**else**
6：　　　　$t_p\leftarrow\mathrm{Pair}(\mathcal{Q},\mathcal{H},t)$
7：　　　　**return** $(1-\lambda)\cdot\mathrm{RvA}(\mathcal{V},\mathcal{Q},\mathcal{H},t_p)+\lambda\cdot\mathrm{Att}(\mathcal{V},\mathcal{Q},t)$
8：　　**end if**
9：**end function**

加权计算视觉特征表示 $\hat{v}_r = \sum_i \alpha_i v_i$，其中 v_i 代表第 i 个区域的特征。

递归算法中三个重要的元素是递归结束条件、递归调用及递归功能。根据如上要素，我们进一步设计三个子模块来实现递归算法，包括判别模块（Infer）、匹配模块（Pair）和注意力模块（Att）。其中，判别模块判断递归过程是否终止，匹配模块选择需要回溯到的对话历史，注意力模块计算基于问题的视觉注意力表示。需要说明的是，我们的递归视觉注意力模型框架是通用的，这三个模块可以通过任意方式进行实现，并且输出的视觉注意力可以进行后续优化，从而进一步提高模型性能。

3.4.1 判别模块

递归结束条件的判断通过判别模块（Infer）进行实现。在视觉对话任务中，判别模块的作用包括：①决定当前问题是否需要对对话历史进行回顾；②计算视觉注意力优化的权重。判别模块的输入为问题特征 q_t，输出为：①二值变量 cond，用于判别是否终止递归；②权重 $\lambda \in (0,1)$，由于进行视觉注意力融合。如果以下至少一个条件满足，那么递归过程将终止（算法 2 中第 5~7 行）：第一，回溯到对话历史开端，即所有对话历史均已回顾完毕；第二，q_t 被认为是表意明确的，即对话机器人可以根据当前问题 q_t 进行视觉定位。为了评估问题的表意是否明确，即对话机器人是否能够仅凭当前问题就可以进行视觉定位，我们采用了如下可求导的离散决策策略：

$$z_t^l = f_q^l(\boldsymbol{q}_t) \tag{3.1}$$

$$\boldsymbol{o}_t^l = \text{GS\_Sampler}(W^l z_t^l) \tag{3.2}$$

其中，$f_q^l(\cdot)$ 代表非线性变换，对问题特征进行编码，Gumbel 采样操作 GS_Sampler 用于进行离散决策。在这里，W^l 代表可学习的参数，GS_Sampler 输出一个二维的 one-hot 编码向量 $\boldsymbol{o}_t^l$，二值变量 $o_{t,0}^l$ 衡量问题 q_t 表意是否明确。

算法2　Infer 模块

1: **function** Infer(Q, t)
2: 　$z_t^l \leftarrow f_q^l(\boldsymbol{q}_t)$
3: 　$\boldsymbol{o}_t^l \leftarrow \text{GS\_Sampler}(W^l z_t^l)$
4: 　$\boldsymbol{\alpha}_t^l \leftarrow \text{softmax}(W^l z_t^l)$
5: 　$\text{cond}_1 \leftarrow t \overset{?}{=} 0$
6: 　$\text{cond}_2 \leftarrow o_{t,0}^l \overset{?}{=} 1$
7: 　$\text{cond} \leftarrow \text{cond}_1 \text{ or } \text{cond}_2$　　　▷递归终止条件
8: 　$\lambda \leftarrow \alpha_{t,0}^l$　　　▷注意力融合权重
9: 　**return** cond, λ
10: **end function**

3.4.2　匹配模块

在现实生活中，表意不明确的问题往往紧跟着上一个话

题进行连续提问，即同一主题的子对话可能包含多个连续问题。出于以上考虑，一个简单的想法是直接将表意不明确的问题与其上一条对话历史进行匹配，即在判别模块中令 $t_p = t-1$。虽然这种想法在绝大多数情况下是可行的，然而也存在一些特殊情况，即提问者有时会跳过刚刚进行的话题，而回到到更早进行的对话主题。这一情况意味着当前问题有可能和上一段对话历史无关，因此不能仅仅通过回溯到上一历史来解决问题的语义歧义性。基于上述分析，我们可以设计一个匹配模块（Pair），用来评估哪一轮历史与当前问题 q_t 最相关。

算法 3 和图 3.3 表现了匹配模块的结构。具体而言，匹配模块的输入为问题特征 $\boldsymbol{q}_t$ 和对话历史特征 $\mathcal{H} = \{\boldsymbol{h}_0, \cdots, \boldsymbol{h}_{t-1}\}$，作用为预测哪一轮的历史与 q_t 最相关。匹配模块的操作可以用公式表示为

$$z_{t,i}^P = \mathrm{MLP}\left(\left[f_q^P(\boldsymbol{q}_t), f_h^P(\boldsymbol{h}_i)\right]\right) \qquad (3.3)$$

$$\boldsymbol{o}_t^P = \mathrm{GS\_Sampler}\left(W^P\left[z_t^P, \boldsymbol{\Delta}_t\right]\right) \qquad (3.4)$$

$$t_p = \sum_{i=0}^{t-1} o_{t,i}^P \cdot i \qquad (3.5)$$

其中，[·] 表示拼接（concatenate）特征操作。匹配模块考虑以下两点要素：①问题 q_t 与对话历史 h_i 的匹配分数 $z_{t,i}^P$，通过多层感知机（multilayer perceptron）MLP 进行计算；②问题 q_t 与对话历史 h_i 的序列距离 $\boldsymbol{\Delta}_{t,i} = t-i$，即问题与历史

轮数的差异。同样的，GS_Sampler 输出一个 t 维的 one-hot 向量 $\boldsymbol{o}_t^P$ 用于离散决策，即将问题与唯一的历史进行匹配，$\sum_k o_{t,k}^P = 1$。如果 $o_{t,k}^P = 1$，那么问题 q_t 将与第 k 段历史 h_k 进行匹配。匹配模块的网络结构如图 3.3 所示。

算法 3　Pair 模块

1：**function** Pair($\mathcal{Q}, \mathcal{H}, t$)
2：　　$\boldsymbol{e}_t^q \leftarrow f_q^P(\boldsymbol{q}_t)$
3：　　**for** $i \leftarrow 0, \cdots, t-1$ **do**
4：　　　　$\boldsymbol{e}_i^h \leftarrow f_h^P(\boldsymbol{h}_i)$
5：　　　　$z_{t,i}^P \leftarrow \mathrm{MLP}([\boldsymbol{e}_t^q, \boldsymbol{e}_i^h])$
6：　　　　$\Delta_{t,i} \leftarrow t-i$
7：　　**end for**
8：　　$\boldsymbol{o}_t^P \leftarrow \mathrm{GS\_Sampler}(W^P[\boldsymbol{z}_t^P, \boldsymbol{\Delta}_t])$
9：　　$t_p \leftarrow \sum_i o_{t,i}^P \cdot i$
10：　　**return** t_p
11：**end function**

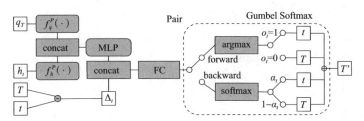

图 3.3　匹配模块网络示例

3.4.3 注意力模块

注意力模块的作用为进行视觉定位，通过视觉注意力机制实现。视觉定位可以基于神经网络的特征层，也可以基于目标检测网络输出的候选区域。注意力模块根据问题特征 $\boldsymbol{q}_t$ 和区域视觉特征 $V = \{\boldsymbol{v}_1, \cdots, \boldsymbol{v}_K\}$，生成基于问题的视觉注意力权重 $\boldsymbol{\alpha}_t$。如算法 4 所示，基于问题的视觉注意力权重可以表达为

$$z_{t,i}^A = \text{L2Norm}(f_q^A(\boldsymbol{q}_t) \circ f_v^A(\boldsymbol{v}_i)) \tag{3.6}$$

$$\boldsymbol{\alpha}_t^A = \text{softmax}(W^A \boldsymbol{Z}_t^A) \tag{3.7}$$

这里非线性变换 $f_q^A(\cdot)$ 和 $f_v^A(\cdot)$ 将视觉与语言特征映射到同一空间，Hadamard 乘积。（按位乘）用于多模态特征融合。注意力模块的实现非常灵活，本书简单地使用基于问题的视觉注意力。

算法 4　Att 模块

1：**function** Att$(\mathcal{V}, \mathcal{Q}, t)$
2：　　$\boldsymbol{e}_t^q \leftarrow f_q^A(\boldsymbol{q}_t)$
3：　　**for** $i \leftarrow 1, \cdots, K$ **do**
4：　　　　$\boldsymbol{e}_i^v \leftarrow f_v^A(\boldsymbol{v}_i)$
5：　　　　$z_{t,i}^A \leftarrow \text{L2Norm}(\boldsymbol{e}_t^q \circ \boldsymbol{e}_i^v)$
6：　　**end for**
7：　　$\boldsymbol{\alpha}_t^A \leftarrow \text{softmax}(W^A \boldsymbol{Z}_t^A)$
8：　　**return** $\boldsymbol{\alpha}_t^A$
9：**end function**

3.5 其他模块

3.5.1 语言特征表示

视觉对话任务涉及文本特征和视觉特征两部分。文本特征表示包括对问题、答案以及对话历史等文本进行表示，视觉特征表示包括对图像的区域和物体进行表示。对于问题 q_t 而言，我们用 $\mathcal{W}_t^q = \{\boldsymbol{w}_{t,1}^q, \cdots, \boldsymbol{w}_{t,m}^q\}$ 表示 q_t 的词向量。词向量将进一步输入双向长短时记忆网络（Long Short-Term Memory，LSTM）中：

$$\overrightarrow{\boldsymbol{h}}_{t,i}^q = \mathrm{LSTM}_f^q(\boldsymbol{w}_{t,i}^q, \overrightarrow{\boldsymbol{h}}_{t,i-1}^q) \tag{3.8}$$

$$\overleftarrow{\boldsymbol{h}}_{t,i}^q = \mathrm{LSTM}_b^q(\boldsymbol{w}_{t,i}^q, \overleftarrow{\boldsymbol{h}}_{t,i+1}^q) \tag{3.9}$$

$$\boldsymbol{h}_{t,i}^q = [\overrightarrow{\boldsymbol{h}}_{t,i}^q, \overleftarrow{\boldsymbol{h}}_{t,i}^q] \tag{3.10}$$

其中，LSTM_f^q 和 LSTM_b^q 分别表示前向和后向 LSTM，$\overrightarrow{\boldsymbol{h}}_{t,i}^q$ 和 $\overleftarrow{\boldsymbol{h}}_{t,i}^q$ 分别代表第 i 个单词的前向和后向的隐状态（hidden state）。我们将前向和后向的最后一层隐状态特征进行拼接，得到 $\boldsymbol{e}_t^q = [\overrightarrow{\boldsymbol{h}}_{t,m}^q, \overleftarrow{\boldsymbol{h}}_{t,1}^q]$ 作为整个问题 q_t 的编码特征。通过类似的方式，我们可以使用相同结构、不同参数的 LSTM 网络得到对话历史 h_i 的特征表示 $\boldsymbol{e}_i^h$。

注意到不同的单词对于问题的表示会随着任务不同而改

变。我们通过自注意力机制将问题编码为两种形式：指代导向的问题特征 $\boldsymbol{q}_t^{\text{ref}}$ 与问答导向的问题特征 $\boldsymbol{q}_t^{\text{ans}}$。自注意力特征表示如下：

$$z_{t,i}^{q,*} = \text{L2Norm}(f_q^{q,*}(\boldsymbol{h}_{t,i}^q)) \tag{3.11}$$

$$\boldsymbol{\alpha}_t^{q,*} = \text{softmax}(W^{q,*} \boldsymbol{Z}_t^{q,*}) \tag{3.12}$$

$$\boldsymbol{q}_t^* = \sum_{i=1}^m \alpha_{t,i}^{q,*} \boldsymbol{w}_i^q \tag{3.13}$$

其中，$f_q^{q,*}(\cdot)$ 代表非线性映射函数，$W^{q,*}$ 代表可学习的参数，$* \in \{\text{ref}, \text{ans}\}$。通过对所有单词特征的加权求和，可以得到基于注意力的问题特征 $\boldsymbol{q}_t^{\text{ref}}$ 和 $\boldsymbol{q}_t^{\text{ans}}$。如图 3.4 所示，颜色越深代表注意力权重越大。一方面，对于递归终止判断和物体定位而言，单词"药片"（"tablet"）和"它"（"it"）应当起到更重要的作用。另一方面，词组"什么颜色"（"what color"）和单词"大"（"big"）对于识别问题类型具有重要意义。又如图 3.5 中对不同类型问题的单词注意力权重可视化所示，在被认为是表意明确的问题中，关键词多为具体名词，如"天空"（"sky"）"饮料"（"drink"）"桌子"（"table"）等。而在对话机器人判断为表意不清的问题中，关键词多为代词，如"它"（"it"）"它们"（"they"）等。这一可视化结果符合人的思维方式，也说明在训练过程中，不给定单词标注监督信息的情况下，模型能够自己捕捉到问题中的关键词信息，并正确地利用这些信息进行语义判断及进行对话历史回溯。在仅包含弱监督信息的情况下，模型依然具有相应的学习能力。

图 3.4 单词注意力权重的可视化示例（见彩插）

a）表意明确问题   b）表意含糊问题

图 3.5 单词注意力的词云可视化

3.5.2 视觉特征表示

对于视觉特征而言，许多视觉语言任务广泛运用基于空间和视觉注意力机制的图像特征，如看图说话、视觉问答等问题。最近，一种基于 Faster R-CNN 框架[95] 的自底向上（bottom-up）[107] 视觉特征在各项视觉语言任务中取得了很好的应用。自底向上的注意力机制采用 ResNet[108] 作为骨架网络，在 Visual Genome 数据集[48]上通过预测属性与类别进行初始化，采用目标检测的方式，输出图像中置信度较高的区域。本章也采用了自底向上注意力机制，对每张图片选取了置信概率最高的 K 个区域作为图像表示。K 的选取有两种，一种为固定数目选取，即每张图像选取固定数目的候选区域，另一种为固定最小置信度选取，即所有置信度大于最小置信度的区域均被选取。按照通常做法，我们采用固定数目的方式选取，并固定 K 为 36。

3.5.3　特征优化与融合

通过递归视觉注意力模型得到视觉特征 $\hat{\boldsymbol{v}}_T$ 后，我们基于问答导向的问题特征 $\boldsymbol{q}_T^{\mathrm{ans}}$ 对视觉特征进行优化。这一优化的动机源于，在回答问题时，我们往往更关注与问题相关的视觉属性。例如，在回答"药片是什么颜色的?""它看起来是不是大的?"这样的问题时，我们会更关注颜色与尺寸属性，而忽略其他不相关的信息。这一行为有助于避免模型对不相关特征进行过拟合，让模型尽可能地根据问题相关的视觉属性信息进行问答。借鉴长短时记忆网络LSTM 中的激活门操作，我们采用如下模式对视觉特征进行优化：

$$\widetilde{\boldsymbol{v}}_T = \hat{\boldsymbol{v}}_T \circ f_q^v(\boldsymbol{q}_T^{\mathrm{ans}}) \tag{3.14}$$

其中，非线性映射 $f_q^v(\cdot)$ 的输出起到了视觉特征过滤器的作用，用于激活视觉特征 $\hat{\boldsymbol{v}}_T$ 中与问答相关的视觉属性信息。这一过滤器有两个优点。第一，在给定问题信息时，模型可以对所需的视觉信息进行保留与提取，对视觉特征进行加工。第二，为了能够优化视觉特征，需要问答相关的问题特征 $\boldsymbol{q}^{\mathrm{ans}}$ 能够捕捉到与问题类型相关的关键词，这些关键词在对问题特征的表达上同样起到帮助。也就是说，在优化视觉特征的同时，问答相关的问题特征 $\boldsymbol{q}^{\mathrm{ans}}$ 也在训练中得到学习和优化。

考虑到对话历史信息能够反映出视觉内容的部分先验知识，我们对所有的对话历史采取注意力加权的操作，得到对事实的特征表达：

$$\boldsymbol{z}_{T,i}^{h} = \mathrm{L2Norm}(f_q^h(\boldsymbol{e}_T^q) \circ f_h^h(\boldsymbol{e}_i^h)) \qquad (3.15)$$

$$\boldsymbol{\alpha}_T^h = \mathrm{softmax}(\boldsymbol{W}^h \boldsymbol{Z}_T^h) \qquad (3.16)$$

$$\boldsymbol{h}_T^f = \sum_{i=0}^{T-1} \alpha_{T,i}^h \boldsymbol{e}_i^h \qquad (3.17)$$

其中，f_h^h 和 f_q^h 代表非线性映射。根据我们得到的三类特征，即优化后的视觉特征 $\widetilde{\boldsymbol{v}}_T$、问答导向的问题特征 $\boldsymbol{q}_T^{\mathrm{ans}}$ 以及事实特征 $\boldsymbol{\alpha}_T^h$，我们将以上三类特征进行经典的拼接操作，并通过线性映射和正切激活函数，得到最终的联合特征（joint feature）表示：

$$\boldsymbol{e}_T^J = \tanh(\boldsymbol{W}^J[\widetilde{\boldsymbol{v}}_T, \boldsymbol{q}_T^{\mathrm{ans}}, \boldsymbol{h}_T^f]) \qquad (3.18)$$

这一聚合特征将进一步送入生成式或判别式的回答解码器中，产生回答序列（生成式）或与候选答案的相似度（判别式)。需要说明的是,一些工作聚焦在更复杂的特征融合模块。本书框架的重点在于对对话机器人思维过程的理解,而复杂的特征表示有可能导致对话机器人不加思考地仅凭特征之间的相关性进行问答。一种可能的解决方案是,将本书的递归注意力框架进行预训练,得到视觉注意力表示,再与其他特征融合模块进行拼接。为了和相关工作进行公平比较,突出递归视觉注意力的性能,本书仅采用了视觉对话任务中经典的拼接方式进行特征融合。

3.5.4 非线性映射

前面采用一种非线性映射结构,将视觉和图像特征进行编码并映射到对应空间中。非线性映射采用一种门控双曲正切激活函数(gated hyperbolic tangent activation)的模式。Anderson 等人[107,109] 通过实验发现这一模式与传统的正切函数和线性整流函数(Rectified Linear Unit,ReLU)等激活函数相比,在视觉问答等视觉语言相关工作中有一定的提升。门控双曲正切激活函数定义如下:

$$\widetilde{\boldsymbol{y}} = \tanh(W_y^T \boldsymbol{x} + \boldsymbol{b}_y) \tag{3.19}$$

$$\boldsymbol{g} = \sigma(W_g^T \boldsymbol{x} + \boldsymbol{b}_g) \tag{3.20}$$

$$\boldsymbol{y} = \widetilde{\boldsymbol{y}} \circ \boldsymbol{g} \tag{3.21}$$

其中,$\tanh(\cdot)$ 表示正切激活函数,$\sigma(\cdot)$ 代表 sigmoid 激活函数,W_y、W_g、$\boldsymbol{b}_y$、$\boldsymbol{b}_g$ 为可学习的参数,。 表示 Hadamard

乘积。如上非线性映射可以理解为，在进行映射时，对特征
进行过滤，保留与模块处理相关的特征信息。

3.5.5　Gumbel 离散采样

　　本书提出的对话机器人在判别是否回顾对话历史与匹配
相关历史的过程中，需要做出离散的决定，即从若干选项中
选择唯一的一项。例如，判断是否终止递归（二选一）和选
择历史匹配（多选一）。同时，我们希望模型在离散决策过
程中仍可以正常回传梯度，保证端到端的训练。为了实现上
述目的，我们采用了 Gumbel-Max trick[98] 和它的改进版
本[99-100]。对于 Gumbel-Max 而言，我们希望从类别概率分布
$\pi = \{\pi_1, \cdots, \pi_c\}$ 中进行采样，得到 one-hot 的向量表示 z：

$$z = \text{one\_hot}\left(\underset{k \in \{1,\cdots,c\}}{\text{argmax}}\left(\log(\pi_k) + g_k\right)\right) \qquad (3.22)$$

其中 $g = -\log(-\log(u))$，且 u 服从均匀分布 unif$[0,1]$。

　　基于 softmax 改进版本的 Gumbel-Max trick 将不可导的
argmax 操作替换为连续可导的 softmax 操作：

$$\hat{z} = \text{softmax}\left((\log(\pi) + g)/\tau\right) \qquad (3.23)$$

其中，τ 代表 softmax 函数中的温度参数，通常设置为 1。在
训练过程中，我们通过式（3.22）采样得到 one-hot 向量 z，
并通过式（3.23）计算梯度并回传。在测试阶段，我们直接
选择 π 中概率最大的类别作为决策。借助上述 Gumbel 离散
采样操作，对话机器人的匹配模块与判别模块中的离散决策

得以实现，同时保证了梯度回传和端到端的训练，使得模型训练简易稳定。

3.6 实验结果

3.6.1 实验设置

视觉对话数据集概览如表 3.1 所示。视觉对话任务常用的数据集为 VisDial v0.9 和 v1.0[4]。VisDial v0.9 数据集[4]基于 MSCOCO[93] 数据集的图片和标题产生。在两个玩家参与的对话游戏中，一个玩家根据标题与对话历史对不可见的图片进行发问，另一个玩家基于图片内容进行自由作答。每张图片将产生十轮问答。通过这一方式，VisDial v0.9 在 MSCOCO 的训练集和验证集上分别收集到了约 8.3 万和 4 万个对话。基于 VisDial v0.9 数据集，研究人员进一步提出了升级版本 VisDial v1.0 数据集，其中包括了额外的基于 Flickr 数据集生成的 1 万个对话。VisDial v1.0 的训练集为基于 MSCOCO 图片生成的共 12.3 万个对话，即 VisDial v0.9 的全部对话，验证集和测试集各包括 Flickr 上的 2 000 和 8 000 个对话。在 VisDial v0.9 数据集中，每一个图片都附带有一个十轮的对话，而在 VisDial v1.0 的测试集中，对话长度被随机截选。

表3.1　视觉对话数据集概览

数据集	划分	图像来源	图像数目	对话数目
VisDial v0.9	Train	MSCOCO	82 783	827 830
	Val	MSCOCO	40 504	405 040
VisDial v1.0	Train	MSCOCO	123 287	1 232 870
	Val	Flickr	2 064	20 640
	Test	Flickr	8 000	8 000

本书采用 Das 等人[4] 提出的评测指标，即对 VisDial v0.9 验证集的每一轮对话和 VisDial v1.0 测试集的最后一轮对话进行测评。评测采用检索式的评价方式，每一个问题都附带有一个含有 100 个候选答案的列表，模型需要在 100 个候选答案中进行排序，返回有序的答案列表。用于检索性能测试的指标包括：①人类回复的平均排名（Mean rank of human response，Mean）；②召回率@k（Recall@k，R@k），这一指标反映了人类的回复是否位于前 k 个位置；③MRR（Mean Reciprocal Rank）。对于第一个指标而言，数值越小，性能越好。对于第二、三个指标而言，数值越大，效果越好。对于 VisDial v1.0 数据集，我们仿照 Das 等人[4] 提出的方法，同时采用 NDCG（Normalized Discounted Cumulative Gain）指标。这一指标对于真实相关性高，但预测排名低的答案具有惩罚作用。对于 NDCG 指标而言，数值越大，性能越好。

3.6.2 实现细节

对于语言模型而言，首先对文本数据进行预处理。参照 Das 等人[4] 的工作，首先将所有的问题和答案字母全部变为小写，将数字转化为单词，之后用 Python NLTK 工具进行分词。我们分别补全或截选标题、问题和答案至 40、20 和 20 个单词，并对在训练集中出现次数至少为 5 次的单词予以保留。通过这样的操作，我们在 VisDial v0.9 和 v1.0 数据集上分别得到词库大小为 9 795 和 11 336 的字典。词向量为 300 维的向量，通过 GloVe[94] 进行初始化。LSTM 的隐含层维度设置为 512。

在训练方面，对于判别式设置，我们采用交叉熵作为损失函数，对于生成式设置，我们采用最大似然估计作为损失函数。同时，我们采用 Adam[110] 进行优化，学习率设置为 1×10^{-3}，每个 epoch 之后下降一半，直到下降至 5×10^{-5}。在每个全连接层之前，我们加上了参数为 0.5 的 dropout 层。

3.6.3 对比方法

在判别式和生成式设定上将我们提出的递归视觉注意力模型（RvA）与部分基线模型和最新模型进行比较。这些模型如表 3.2 所示。基于不同的编码器设计类型，这些方法可以分为以下几类：

表 3.2　视觉对话任务对比方法

方法	提出时间	类别	特点
LF[4]	2017	简单特征融合	基线模型，特征简单拼接
HRE[4]	2017	简单特征融合	基线模型，特征多层次融合
HREA[4]	2017	注意力机制	HRE 改进版本，加入了注意力模块
MN[4]	2017	注意力机制	记忆网络，对对话历史进行注意力加权
HCIRE[33]	2017	注意力机制	多层次注意力机制
CoAtt[36]	2017	注意力机制	联合注意力机制
AMEM[34]	2017	视觉指代消解	记忆网络，对所有历史的注意力进行存储加权
CorefNMN[35]	2018	视觉指代消解	模块神经网络，对所有历史中的指代实体进行存储，对话题相关的实体进行加权

（1）基于融合的模型　早期模型简单地将图像、问题和历史特征在不同的阶段进行融合。这类早期模型包括 LF[4] 和 HRE[4]。其中，LF（Late Fusion）将图像、问题与历史的特征表示进行拼接，并通过一个全连接层进行线性融合。HRE（Hierarchical Recurrent Encoder）对每轮的历史特征进行抽取，并将每轮的历史特征与图像和问题特征进行拼接，通过长短时记忆网络（LSTM）对这些特征进行非线性融合。

（2）基于注意力特征的模型　一些方法通过注意力机制提取更丰富的图像、问题和历史特征表达。这类方法包括 HREA[4]、MN[4]、HCIAE[33] 和 CoAtt[36]。其中，HREA 为

HRE 模型的改进版本，对每轮历史通过注意力机制融合。MN（Memory Network）采用了记忆网络的结构，对历史特征进行加权融合。HCIAE（History-Conditioned Image Attentive Encoder）采用了多层次注意力机制，首先对历史特征进行注意力加权，而后对图像特征进行注意力加权。CoAtt（Co-Attention）采用了联合注意力机制，依次对图像、历史、问题和图像进行四步联合注意力加权融合。

（3）基于视觉指代消解的方法　一些工作聚焦在视觉对话中的视觉指代消解问题。这类方法包括 AMEM[74] 和 CorefNMN[35]。我们方法的动机也源于视觉指代消解。其中，AMEM（Attention Memory）[34] 采用了记忆网络的结构，对每轮历史的视觉注意力通过记忆网络进行保存，并对所有保存的视觉注意力进行加权融合。CorefNMN[35] 采用了神经模块网络（Neural Module Network）的结构，将历史对话中出现的实体进行检测并存储，通过模块网络将问答过程转换为子程序和子模块的顺序操作，对话题相关的实体进行提取。

我们进一步评价不同组件和特征对模型性能的贡献，包括①RPN（Region Proposal Network）：将区域检测网络 RPN 替换为 VGG-16[111] 模型；②Bi-LSTM：将双向 LSTM 替换为原始的单向 LSTM；③Rv：去掉递归视觉注意力，仅仅采用基于问题的视觉注意力；④FL：将式（3.14）中的视觉特征过滤器 $f_q^v(\cdot)$ 去掉；⑤Δ_t：将匹配模块中的 Δ_t 去掉，即忽略对话的时间信息，仅考虑话题相似性；⑥Pair：将匹配模块去掉，简单地将需要回溯历史的问题与其上一轮的对话历史进行匹配；⑦NLT（Non-Linear Transformation）：将非线性映射去掉，替换为简单的线性映射。

3.6.4 实验结果分析

表 3.3 列出了在判别式设定下，我们的模型与其他对比方法在 VisDial v0.9 数据集上的性能对比。总体而言，我们的 RvA 模型在各项评测指标上的表现均超过了其他模型。其中，RvA 模型在 R@k 和 MRR 指标上得到了约 2 个百分点的提升，并将 Mean 提升了约 0.5。同时，去掉了区域检测网络（即 RPN）后，RvA 的模型性能明显下降，这说明了区域检测网络的特征对视觉对话任务具有有效的提升。在去掉了递归注意力模块（即 Rv）后，RvA 的性能同样明显下降，这说明了递归注意力在提取视觉特征的过程中，很好地利用了对话历史信息，也反映了对话历史在视觉特征和视觉注意力表达上的重要性。如表 3.4 所示，在 VisDial v1.0 数据集上，我们也能得到类似的结论。

表 3.3 VisDial v0.9 数据集上的判别式模型性能比较

模型	MRR	R@1	R@5	R@10	Mean
LF[4]	0.580 7	43.82	74.68	84.07	5.78
HRE[4]	0.584 6	44.67	74.50	84.22	5.72
HREA[4]	0.586 8	44.82	74.81	84.36	5.66
MN[4]	0.596 5	45.55	76.22	85.37	5.46

（续）

模型	MRR	R@1	R@5	R@10	Mean
HCIAE[33]	0.622 2	48.48	78.75	87.59	4.81
AMEM[34]	0.622 7	48.53	78.66	87.43	4.86
CoAtt[36]	0.639 8	50.29	80.71	88.81	4.47
CorefNMN[35]	0.641	50.92	80.18	88.81	4.45
RvA w/o RPN	0.643 6	50.40	81.36	89.59	4.22
RvA w/o Rv	0.655 1	51.81	82.35	90.24	4.07
RvA w/o FL	0.659 8	52.35	82.76	90.54	3.98
RvA	**0.663 4**	**52.71**	**82.97**	**90.73**	**3.93**

表 3.4　VisDial v1.0 数据集上的判别式模型性能比较

模型	MRR	R@1	R@5	R@10	Mean	NDCG
LF[4]	0.554 2	40.95	72.45	82.83	5.95	0.453 1
HRE[4]	0.541 6	39.93	70.45	81.50	6.41	0.454 6
MN[4]	0.554 9	40.98	72.30	83.30	5.92	0.475 0
CorefNMN[35]	0.615	47.55	78.10	88.80	4.40	0.547
RvA w/o RPN	0.606 0	46.25	77.88	87.83	4.65	0.517 6
RvA w/o Rv	0.622 6	47.95	79.75	89.08	4.37	0.531 9
RvA w/o FL	0.629 4	48.68	80.18	89.03	4.31	0.541 8
RvA	**0.630 3**	**49.03**	**80.40**	**89.83**	**4.18**	**0.555 9**

　　我们进一步分析特征与模块对模型性能的影响。表 3.5 展示了特征相关的消融实验，可以看到的是，对于任意一种特征设定而言，递归注意力模块均能明显提高模型性能（第 1 行与第 2 行相比，第 3 行与第 4 行相比，第 5 行与第 6 行相

比，第7行与第8行相比）。同时，使用区域检测网络同样明显提高了模型性能（第1行与第5行相比，第2行与第6行相比，第3行与第7行相比，第4行与第8行相比）。此外，使用双向LSTM（Bi-LSTM）也可以得到一定的提高（第1行与第3行相比，第2行与第4行相比，第5行与第7行相比，第6行与第8行相比）。

表3.5　VisDial v0.9数据集上特征相关的判别式模型消融实验

RPN	Bi-LSTM	Rv	MRR	R@1	R@5	R@10	Mean
			0.637 7	49.67	80.86	89.14	4.35
		√	**0.641 8**	**50.17**	**81.17**	**89.37**	**4.29**
	√		0.639 6	49.83	81.16	89.34	4.30
	√	√	**0.643 6**	**50.40**	**81.36**	**89.59**	**4.22**
√			0.653 4	51.78	82.28	90.21	4.09
√		√	**0.662 6**	**52.69**	**82.97**	**90.71**	**3.95**
√	√		0.655 1	51.81	82.35	90.24	4.07
√	√	√	**0.663 4**	**52.71**	**82.97**	**90.73**	**3.93**

表3.6进一步展示了更多模块相关的消融实验。从表格中可以看出。其中，去掉Δ_t对模型的影响要大于其他两项因素，说明在进行历史匹配过程中，对话的时间信息非常重要，也说明了匹配模块设计的有效性。其次，去掉匹配模块对模型性能的影响较小，这说明简单地将所有语义不清晰的问题与其上一段历史进行匹配，不会对模型性能具有很大影响。然而，这种简化处理不能很好地处理个别问题。图3.8

中展示了相关示例，后面将对这一问题进行详述。

表 3.6　VisDial v0.9 数据集上模块相关的判别式模型消融实验

Model	MRR	R@1	R@5	R@10	Mean
RvA w/o Δ_t	0.660 2	52.41	82.78	90.54	3.98
RvA w/o Pair	0.662 6	52.59	82.93	**90.73**	3.94
RvA w/o NLT	0.661 4	52.52	82.89	90.65	3.95
RvA	**0.663 4**	**52.71**	**82.97**	**90.73**	**3.93**

我们同样测试了模型在 VisDial v0.9 数据集生成式设定上的性能。如表 3.7 所示，和基于视觉指代消解方法 CorefNMN[35] 相比，我们的方法在 R@k 指标上得到了 2 个百分点的提升。同时，我们的方法超过了大多数的最新方法，且仅次于 CoAtt[36]。需要指出的是，CoAtt[36] 通过强化学习的方法针对生成式设定进行训练，这一方法不在本书的讨论范围内。

表 3.7　VisDial v0.9 数据集上的生成式模型性能比较

模型	MRR	R@1	R@5	R@10	Mean
LF[4]	0.519 9	41.83	61.78	67.59	17.07
HRE[4]	0.523 7	42.29	62.18	67.92	17.07
HREA[4]	0.524 2	42.28	62.33	68.17	16.79
MN[4]	0.525 9	42.29	62.85	68.88	17.06
CorefNMN[35]	0.535	43.66	63.54	69.93	15.69
HCIAE[33]	0.538 6	44.06	63.55	69.24	16.01
CoAtt[36]	**0.557 8**	**46.10**	**65.69**	71.74	14.43
RvA w/o RPN	0.541 7	43.75	64.21	71.85	11.18

（续）

模型	MRR	R@1	R@5	R@10	Mean
RvA w/o Rv	0.5523	45.15	65.06	72.87	10.64
RvA w/o FL	0.5547	45.43	65.24	72.92	10.67
RvA	0.5543	45.37	65.27	**72.97**	**10.71**

　　图3.6~图3.8展示了递归视觉注意力模型的可视化分析结果，体现了模型所具有的三个能力：可解释的递归推理、可信赖的视觉注意力、对话历史导向的匹配机制。

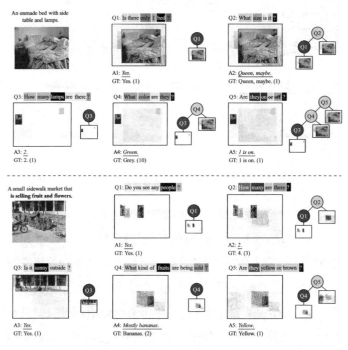

图3.6　RvA模型可视化结果（1）（见彩插）

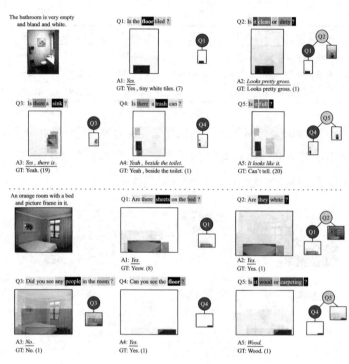

图 3.7 RvA 模型可视化结果（2）（见彩插）

　　首先，本书提出的递归视觉注意力模型能够以递归树的形式将可解释的递归推理过程进行可视化展示。每一个递归树可以看作不同主题的对话片段。借助于指代导向的语言特征，递归视觉注意力模型能够处理带有代词的表意明确的句子，如"外面是否是晴天？"（"Is it sunny outside?"），以及带有代词的表意不明的句子，如"那里有多少个？"（"How

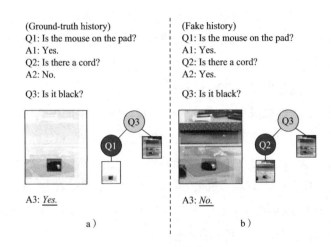

(Ground-truth history)
Q1: Is the mouse on the pad?
A1: Yes.
Q2: Is there a cord?
A2: No.

Q3: Is it black?

A3: *Yes.*

a)

(Fake history)
Q1: Is the mouse on the pad?
A1: Yes.
Q2: Is there a cord?
A2: Yes.

Q3: Is it black?

A3: *No.*

b)

图 3.8　匹配模块示例

many are there?"）。值得注意的是，使用自然语言解析器很难将以上两种含有代词的情况完全区分开。同时在可视化示例图中可以看到，不同对话的递归过程的长度不一，既存在无须递归的问题，也存在需要一轮回溯的问题和需要多轮回溯的问题。这反映出了本书提出的对话机器人在进行递归视觉注意力计算过程中的灵活性，能够根据不同问题的需求进行推理回溯。

　　其次，本书提出的对话机器人能够通过递归视觉注意力模型，成功地定位目标物体。与之相反的是，仅仅基于问题所得到的视觉注意力有时会因为目标指代不清而不能准确定位。在 VisDial v1.0 数据集上，我们发现：①指代不清的问题中有56%的基于问题的视觉注意力和89%的递归视觉注意力是合理的；②62%的对话需要至少一处准确的指代消解以理解对话内容。由于递归视觉注意力模型能够准确理解历史对话，对话机器人可以建立起鲁棒性高的视觉注意力机制。否则，对话机器人可能会过分依赖自然语言中的先验知识，忽略了对视觉信息的捕捉，进而影响对话系统的稳定性。同时，单词注意力也表明模型能够关注到重要词汇，以及帮助进行视觉指代消解。例如，从第一个例子中可以看出，对话机器人能够将文本中的"床"与图像中对应的视觉物体进行发现，从而将两者联系在一起。

此外需要强调的是，在面对表意不清的问题时，匹配模块不会简单地将问题与其上一个对话历史（即 $t_p = t - 1$）进行匹配。事实上，匹配模块能够略过不相关的对话历史，并进一步生成历史导向的递归推理过程。如图 3.8a 所示，对于问题"它是不是黑的"（"Is it black?"）而言，由于第二轮对话中反映的事实是图像里不存在鼠标线（cord），因此第三个问题中的"它"指代的不应当是鼠标线，而应该是更靠前的历史对话中的线索。对于这一逻辑，对话机器人很好地捕捉到了历史对话中的事实线索，并将第三个问题与第一轮对话进行匹配。这一例子反映出仅仅通过将问题与其上一段历史进行匹配的操作不能处理这种情况。而在图 3.8b 中，如果将第二轮的答案进行篡改，将"否"改为"是"，伪造一个错误的对话历史，以检验模型对于对话历史的敏感性。在这种情况下，对话机器人会被历史对话误导，认为第三个问题询问的是鼠标线，从而做出错误的匹配决策，进而影响视觉注意力表示提取和问题回答。这一对比印证了模型对对话历史的敏感性，说明本书提出的递归视觉注意力模型能够敏锐地捕捉到对话历史中的事实信息，借此进行推理、优化视觉注意力特征并进而进行回答。

3.7　小结

这一章针对多轮交互情形下的视觉推理问题进行探索，选取具有代表性的视觉对话任务进行研究。在视觉对话任务中，模型需要在多轮历史对话中找到与当前问题相关的信息，从而在图像中对相关物体进行定位并回答。视觉对话的难点在于多轮交互过程中的推理。与视觉问答相比，视觉对话的主要不同在于额外的对话历史。但是，如果仅仅将对话历史作为额外的特征输入，而没有对对话历史中的逻辑进行推演，以及没有探索对话历史与问题、图像的内在联系的话，机器将很难真正通过视觉推理完成视觉对话任务。

本书提出了一种递归注意力机制，实现视觉对话中的推理部分。受启发于视觉指代消解，我们希望对话机器人能够在回答问题之前，能够将问题中的指代词与图像中的视觉物体进行连接。由于在真实对话中，人们往往会通过代词、缩略语等减少重复表述，因此对话中的问题往往会语义不清，即不能直接判断问题有关的对象。递归注意力机制的目的在于，在当前问题表意不清时，通过递归机制，回溯话题相关的历史对话，并优化视觉注意力特征，以此实现视觉指代消解。在大规模的视觉对话数据集 VisDial 上的实验结果与可视化结果均证明了模型的有效性。

第 4 章

知识偏差情形下的视觉问答

近年来，视觉语言领域的诸多任务取得了明显成果。在性能屡创新高的同时，研究者们在不同的视觉语言问题中发现了明显的知识偏差问题。知识偏差指机器在进行推断时对依赖单一模态信息的倾向性。知识偏差问题主要来源于数据集的构建，如图像类别的分布不均、语言之间的强相关性等。举例而言，在看图说话问题中，机器需要对给定的图像生成一句自然语言描述。看图说话数据集通常基于真实的图像数据进行构建。由于数据集中图像类别的分布不均，生成模型在产生自然语言描述的时候，常常难以准确描述低频类别。即便模型准确地识别出了低频类别物体（例如斑马），生成模型仍有可能倾向于用高频词（例如马）来形容物体。又如，在视觉问答任务中，机器人需要根据给定的图像对问题进行作答。一方面，图像数据本身存在分布不均的问题，图像所描述的场景通常包含多种物体，难以保证每类物体在数据集中的频率相近。另一方面，提问者和回答者在问答过程中会受到个人用语偏好的影响，使得问题和答案存在某种语言模式。受到这两方面的影响，研究者们发现数据集中的问题和答案具有很强的相关性，使得模型在训练过程中会过于侧重语言上的相关性，忽视了对视觉内容的关注，从而导致了从语言和视觉两个方面获得的综合知识存在偏差，影响了后续推断过程。本章将通过视觉问答这一代表性的视觉语言交互任务，对知识偏差尤其是语言偏差问题进行研究。

4.1 研究概述

视觉问答（Visual Question Answering，VQA）[1,37] 是交互式视觉语言系统的基础任务，是视觉对话[4]、视觉语言探索[38] 和视觉常识推理[39] 等任务的基石。如图 4.1 所示，视觉问答任务要求模型在给定自然语言问题与图像输入的情况下，输出自然语言描述作为答案。最近一段时间，视觉问答取得了快速进展。这些研究从不同的角度出发提升机器性能，如多模态特征融合[40-42]、注意力机制[43-44] 以及使用外

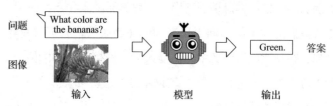

图 4.1 视觉问答任务图示

部知识[112] 等。然而，一个普遍的认识是，视觉问答模型在作答时容易依赖于数据集中的语言偏差（language bias），这使得模型没有很好地探索视觉内容。这一情况尤其在训练环境和测试环境不一致时影响严重[55,45-46]。

视觉问答中的语言偏差可以通过两个角度进行解释。一方面，问题和答案之间存在非常强的相关关系，这反映出了语言先验（language prior）[46,50]。举例而言，在 VQA v1.0 数据集[1,37] 中，训练集和测试集中与数字相关的最常见答案是"2"，而有关运动的最常见答案是"网球"。简单地对所有运动类的问题回答"网球"以及对所有数字类的问题回答"2"也可以取得将近40%的准确率。另一方面，在数据收集过程中，提问者在回答问题时往往可以看到图片，因此在提问问题时，这会引入视觉启动偏差（visual priming bias）。举例而言，人们会提问"那里有没有狗"（Is there a dog?），通常是因为他们的确在图像中看到了狗，所以才会提出这个问题。因此，简单地对问题"你有没有看见……"（"Do you see…"）回答"是"，就可以在 VQA v1.0 数据集上得到接近90%的准确率[1,46]。在这种情况下，由于简单地根据问题作答就取得比相对随机猜而言不错的准确率，机器往往会过分依赖于问题，而缺少了对视觉内容本身的关注。

现有的一些工作从不同的角度对视觉问答中的语言偏差进行探究。一种直接的策略是控制数据收集流程，例如收集一个分布更均衡的数据集[46]。这一策略的假设是模型在这种情况下可以平衡地关注视觉内容。这一平衡数据集的策略可以有效地减少视觉启动偏差。然而，由于训练集和测试集的答案分布情况仍然很接近，模型仍然可以通过探索训练集上的视觉先验来提升测试集上的表现。这一思路并不能很好地评价模型是否能够克服语言偏差。出于以上考虑，研究者们陆续提出了不同版本的 **VQA** 数据集[50,113-114]，用来评价模型的鲁棒性。通过创建数据集这一方式会陷入在创建新的数据集和发现新的偏差之间的无尽循环中，即人们创建数据集，而后发现数据集的缺陷，进而再创建新的数据集去消除偏差，而新的数据集可能又引入了其他类型的偏差。这一循环也逐渐成为视觉语言领域的关切问题。

尽管机器会受制于语言偏差，人类在观测到有偏数据时，仍然有能力做到无偏判断。在真实世界中，我们观测到的数据是难以做到完美平衡的，有偏的观测在真实世界中广泛存在、不可避免。我们可以比较人类和机器做决策的差异。在传统的机器学习范式中，模型通过最大似然估计等方法对观测数据进行拟合。对于人类而言，可以认为人类以模仿的方式从观测世界中学习经验。然而在推理决策阶段，人类并非仅凭总体的统计规律进行推理，而是能够针对具体例子进行个性化的推断。

人类的个性化推理的能力可以通过反事实思维（counterfactual thinking）进行解释。借助于反事实思维，人类能够通过想象的方式评判自己的决策是否来源于偏见。可以通过这样一个例子直观地表述反事实思维。假设一篇投稿的论文工作取得了最佳性能，然而论文本身的创新性不够，那么这篇论文是否会被接受？缺乏经验的审稿人可能会存在这样一种偏见，认为绝大多数论文是由于取得了最佳性能而被接受，因此可能会倾向接受。然而，我们认为决策的依据应该通过反事实分析（counterfactual analysis）得到，即通过比较试试情形和反事实情形。举例而言，如果在采用同样的试验设定（例如最新的特征提取模型）、将文章提出的方法换成简单的基线方法的反事实情形下，模型仍然可以取得相近的性能，我们就可以得出结论，认为文章所提出的方法对最佳性能的贡献有限。在这种情况下，我们可能会拒稿。事实上，由于我们只能阅读到已经接受的论文，而很少能够接触到被拒稿的论文，这说明我们对论文的观测是有偏差的。这种偏差也可以理解为幸存者偏差。单纯通过统计上的相关性，是无法克服幸存者偏差的。

受到上述反事实思维的启发，我们通过因果效应视角审视视觉问答中的语言偏差问题。近期一些工作[53,58]将问题和答案的关联性看作语言先验，并通过一个单独的语言分支捕捉语言先验，同时在测试阶段丢弃语言分支，以此克服语言先验问题。然而，我们认为问题中既包含了有害的语言偏差（例如，观测数据中大多数香蕉是黄色的，少部分香蕉是绿色的）和有益的语言背景信息（例如，问题类型"什么颜色")。事实上,传统的视觉问答问题很难将有益的语言先验和有害的语言先验区分开。从因果效应视角来看,我们可以通过反事实思维来解决这一问题。借助于中介分析(mediation analysis)[64,115-116],我们将问题与图像对答案的总体效应分解出问题对答案的直接效应。我们认为,语言偏差可以被问题对答案的直接效应捕捉到,去掉语言偏差可以通过从总体效应中问题对答案的直接效应进行实现。在训练阶段,研究者可以根据因果图设计模型架构。在测试阶段,可以通过去掉语言的直接效应进行推断。本书的因果模型可以看作以下两个情形的比较:

1)情形一:事实的视觉问答。如果机器在听到了问题 Q 以及看到了图像 V 的情况下,答案会是什么?

2)情形二:反事实的视觉问答。已知事实的视觉问答情形,假定机器当时只听到了问题 Q,而没有看到图像 V,那么答案会是什么?

通过反事实情形,机器可以识别出有害的语言偏差,并通过比较这两个情形,将语言偏差对应的因果效应从总体效益中去除。与传统模型基于后验概率 $P(A \mid V,Q)$ 进行作答不同,本章所提出的因果模型通过因果效应的视角进行作答,即通过从总体因果效应中去除反事实视觉问答情形捕捉到的语言效应来进行。这一语言效应实际上指的是屏蔽了视觉信息后,单纯由语言因素对答案的贡献。在训练阶段,我们只需要在传统的视觉问答模型基础上，额外加入语言分支，即可对语言偏差进行学习。而在测试阶段，我们通过计算因果效应进行推断，即从 V 和 Q 对 A 的总体效应中减掉 Q 的直接效应。

4.2　相关工作

近年来的一些研究发现，视觉与自然语言领域内的很多任务和数据集受限于数据偏差，尤其是语言偏差[45-49]。在 VQA v1.0 数据集[1] 中，很多类型的问题的答案分布非常不均衡，例如体育类型相关的问题和是非题[45-46]。在看图说话问题中，常用数据集基于 MSCOCO 图像进行构建，研究者们发现数据集中存在很强的共生单词对，并进一步形成了生成描述的常见模式，例如绵羊和土地（"sheep+field"）、男人和站着（"man+standing"）[47]。在场景图生成任务中，常用的数据集为 Visual Genome[48]，数据集中绝大多数的物体和实体被标注为指代部分类的标签，如胳膊、轮子（arm、wheel），而超过90%的关系被标注为位置关系或者从属关系，如上面、拥有（above、has）。以上这些语言偏差会使得模型倾向于依赖语言之间的强相关性，而非充分探索视觉信息。为了去除视觉问答任务中的语言偏差，研究者们从不同的角度出发进行探索，包括从数据集本身去除偏差[46,50]、更鲁棒的训练[51-53] 以及使用额外的监督信息[52,54]。这些研究表明克服语言偏差是视觉语言领域的重要问题。

视觉问答是视觉语言领域中的基础任务。近年来，一些研究围绕着视觉问答中的语言偏差问题展开。为了探索视觉问答模型的迁移性和普适性，研究者们提出了 VQA-CP (Visual Question Answering under Changing Priors) 数据集[50]。在这一数据集中，训练集和测试集上不同问题类型的答案分布具有较明显的差异。图 4.2 展示了训练集与测试集图片分布不一致的例子。借助于 VQA-CP 数据集，一些研究围绕着如何有效地去除语言偏差展开。这些研究的思路可以总结为两个方面。第一种思路通过增强视觉内容理解，间接地消除语言偏差的影响。增强视觉内容理解借助于额外的监督信息进行[52,54]，包括视觉标注[56]与文本标注[57]。其中，VQA-HAT 数据集[56]收集了视觉注意力特征图的标注作为视觉注意力监督信息，而 VQA-X 数据集收集了关于问答对的文本解释。然而，这些标注信息需要庞大的人力物力进行收集，且难以做到大规模高精度收集。这一缺点限制了将上述思路应用到其他数据集上的易用性。第二种思路通过直接分离语言先验知识对语言偏差进行去除。具体而言，语言先验可以通过一个额外的语言分支对语言相关性进行建模。这一语言分支可以看作将视觉问答问题化简为问答问题。在测试阶段，只需使用原本的多模态问答分支进行作答，而语言分支则完全不再使用。具体实现方式可以分为对抗学习[51] 和多任务学习[53,58]。这些方法在不需要额外标注的情况下,简单有效地克服了语言先验带来的影响。然而,这种额外语言分支的处理和使用缺少理论的支持,我们并不清楚这一操作有效的真正原因。

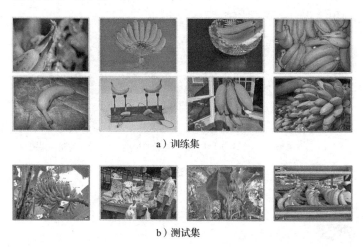

a)训练集

b)测试集

图 4.2 VQA-CP 数据集的分布不一致示例(见彩插)

本书将从因果推断的角度审视视觉问答中的语言偏差问题。因果推断的研究广泛地存在于统计学、经济学、社会学等领域[59-64]。在机器学习领域中,因果推断研究工作包括因果效应估计[65-67] 和一些真实场景应用[68-70]。最近一段时间,反事实思维也在计算机视觉领域的一些问题中得到应用,包括视觉解释[71-72]、视觉场景图生成[73] 以及视频分析[74-75]。

需要说明的是，这些基于反事实思维的工作与因果推断中的反事实定义并不相同。上述基于反事实思维的工作更多的是描述反事实的场景，并没有关注因果推断。本书将使用因果推断框架中的反事实工具，对视觉问答问题中的因果关系进行探究，图 4.3 展示了传统模型架构、去除语言先验模型架构和完整因果图的比较。

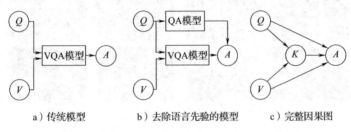

a）传统模型　　　　b）去除语言先验的模型　　　c）完整因果图

图 4.3　相关方法与因果图比较

4.3　预备知识

这一章首先介绍本书中使用的因果推理的基础知识[64,115,117-118]。在本书中，我们用大写字母（例如 X）表示随机变量，用小写字母（例如 x）表示观测值。如果一件事情导致另一件事情发生，我们将前一件事情称为"因"（cause），常用 X 表示；将后一件事情称为"果"（effect），常用 Y 表示。

4.3.1　因果图

因果推理常常使用因果图来表现变量之间的因果关系。因果图表示为有向无环图 $\mathcal{G}=\{\mathcal{V},\mathcal{E}\}$，其中 $\mathcal{V}$ 表示变量的集合，$\mathcal{E}$ 表示因果关系的集合。如果 X 是 Y 的因，那么称存在一条从 X 出发到 Y 的有向边，即 $X{\to}Y$。如果在 X 到 Y 的路上存在一个中间变量 M，即 $X{\to}M{\to}Y$，那么称 M 为 X 到 Y 的中介（mediator）。

4.3.2　反事实表示

我们进一步对反事实（counterfactual）表示定义如下：若 Y 是 X 和 M 的果，对于将 X 设定为 x，M 设定为 m 的情形，将此时 Y 的取值定义为

$$Y_{x,m}=Y(X=x,M=m) \tag{4.1}$$

这里"将 X 设定为 x"用数学语言表示为 $\mathrm{do}(X=x)$，即 do 运算符 $\mathrm{do}(\cdot)$。为了简洁起见，本书统一省略 do 运算符。在通常情况下，可以很自然地得到 $m=M_x=M(X=x)$。在反事实的定义下，M 的取值可以独立于 x，换言之，在 X 取值为 x 的事实条件下，可以让 M 的取值为 X 取值为 x^* 的反事实条件下。注意到 X 同时设定为两种不同的值 x 和 x^*，而在真实条件下，X 只能设定为唯一的取值。在这种情况下，可以得到

$$Y_{x,M_{x^*}} = Y(X=x, M=M(X=x^*))$$

需要说明的是，反事实表示既可以表示事实情形，也可以表示反事实情形。

4.3.3 因果效应

根据上面的定义，可以进一步定义 X 对 Y 的总体效应（Total Effect，TE）为在 X 两种不同的取值情况 x 和 x^* 下的差异，其中 x^* 为 X 的参考值，x 为我们关心的 X 的取值水平。总体效应定义为

$$\text{TE} = Y_{x,M_x} - Y_{x^*,M_{x^*}} \tag{4.2}$$

总体效应可以进一步分解为自然直接效应（Natural Direct Effect/Pure Direct Effect，NDE）和总体间接效应（Total Indirect Effect，TIE）。在这里，自然直接效应中的"自然"意味着通过阻断中介 M 对 X 的响应，将间接路径 $X \to M \to Y$ 的效应屏蔽。因此，NDE 意味着将 M 设定为 X 取值为 x^* 的状态（即 M_{x^*}）时，X 的设定值从 x^* 变为 x 所造成的对 Y 的影响完全取决于直接路径 $X \to Y$，表示为

$$\text{NDE} = Y_{x,M_{x^*}} - Y_{x^*,M_{x^*}} \tag{4.3}$$

而 TE 与 NDE 之间的差可以用 TIE 进行表示：

$$\text{TIE} = \text{TE} - \text{NDE} = Y_{x,M_x} - Y_{x,M_{x^*}} \tag{4.4}$$

类似地，我们也可以将总体效应分解为总体直接效应（Total Direct Effect，TDE）和自然间接效应（Natural/Pure

Indirect Effect，NIE)。其中，NIE 反映了 X 通过中介 M 作用
于 Y 的间接效应，即 $X{\to}M{\to}Y$。此时，X 的值设定为 x^*，以
屏蔽 X 到 Y 的直接效应。NIE 和 TDE 可以表示为

$$\mathrm{NIE} = Y_{x^*,M_x} - Y_{x^*,M_{x^*}} \tag{4.5}$$

$$\mathrm{TDE} = \mathrm{TE} - \mathrm{NIE} = Y_{x,M_x} - Y_{x^*,M_x} \tag{4.6}$$

4.4　基于简化因果图的反事实视觉问答

　　上一节介绍了因果图、反事实表示以及因果效应等因果
推理的基础概念，这一部分将介绍因果推理框架在视觉问答
问题中的应用。在视觉问答任务中，问答机器人根据图像
$V=v$ 以及相关的问题 $Q=q$ 生成答案 $A=a$。由于答案 A 是根
据图像 V 和问题 Q 产生的，我们称 V 和 Q 是 A 的因，即 A 是
V 和 Q 的果。V 和 Q 作用于 A 的效应可以分解成两部分，一
部分为来自单模态的影响，另一部分为来自多模态的影响。
单模态的影响反映了 V 或 Q 对 A 的直接效应，而多模态的影
响反映了 V 和 Q 通过多模态知识 K（即多模态的特征表示）
作用于 A 的间接效应。注意到最近的研究表明问题与答案之
间存在很强的相关性[46,50]，而图像与答案之间的相关性较
弱，本章的研究重点在视觉问答中的语言偏差影响。在因果
图中，我们将保留 Q 到 A 的直接路径，而 V 到 A 的直接路径
可以忽略。需要指出的是，本节的结论在 V 到 A 存在时依然

成立。本节将首先讨论不含 V 到 A 的直接路径的简化因果图,如图 4.4 所示。

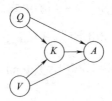

图 4.4　视觉问答任务的简化因果图

4.4.1　反事实视觉问答框架

根据式(4.1)中的反事实定义,我们用答案 a 对应的 logit 表示 Y 在 V 设定为 v 和 Q 设定为 q 时的取值:

$$Y_{v,q} = Y(V=v, Q=q)$$

为了表述简洁和不失一般性,我们此处省略了答案 a。类似地,多模态知识 K 可以表示为

$$K_{v,q} = K(V=v, Q=q) \tag{4.7}$$

如因果图 4.4 所示,直接连接 A 的路共有两条,一条为 Q 到 A 的直接通路,一条为 K 到 A 的间接通路。因此,我们可以将 $Y_{v,q}$ 表达为 Q 与 K 的函数:

$$Z_{q,k} = Z(Q=q, K=k) = Y_{v,q} \tag{4.8}$$

这里 k 代表 K_{vq} 的取值。根据反事实定义,可以将 v 和 q 作用于 a 上的总体效应表示为

$$\text{TE} = Y_{v,q} - Y_{v^*, q^*} = Z_{q,k} - Z_{q^*, k^*} \tag{4.9}$$

这里 $k^* = K_{v^*,q^*}$，v^* 和 q^* 分别代表 V 和 Q 的参考值。在反事实的视觉问答情形中，Q 设定为 q，同时 K 设定为参考值 k^*。在这种情况下，我们可以得到 q 对 a 的自然直接效应：

$$\text{NDE} = Z_{q,k^*} - Z_{q^*,k^*} \qquad (4.10)$$

这时 Q 对 K 的效应被阻断了（即 $K = k^*$），即在没有任何多模态知识的情况下回答"香蕉是什么颜色"问题，因此回答只能依赖于语言信息。在这种情况下，此 NDE 可以显式地捕捉语言偏差。通过因果效应的视角，去掉语言偏差可以通过将总体效应中的自然直接效应去掉，即

$$\text{TIE} = \text{TE} - \text{NDE} = Z_{q,k} - Z_{q,k^*} \qquad (4.11)$$

这里 TIE 即总体间接效应。在测试阶段生成答案时，可以通过选择 TIE 最大的答案进行回复。可以看出，基于因果推断的策略与传统的基于统计学习的策略，即通过后验概率进行推断（$P(a \mid v,q) \propto Y_{v,q} = Z_{q,k}$）完全不同。

在推断过程中，另一种选择是通过自然间接效应（NIE）进行答案生成，即

$$\text{NIE} = Z_{q^*,k} - Z_{q^*,k^*} \qquad (4.12)$$

直观而言，TIE 和 NIE 均反映了多模态知识 K 从 k^* 变化到 k 时，答案置信度的变化。TIE 和 NIE 的区别在于 Q 的设定值。在计算 TIE 时，Q 设定为 q；而在计算 NIE 时，Q 设定为 q^*。考虑问题 q 可以作为语言背景知识存在，例如问题类型"什么颜色"，这一语义知识有助于与多媒体知识进行交互，提

供辅助作答的作用。另一方面，我们关心的因果效应是 v 和 q 经过 k 对 a 的效应（即 TIE），而非 k 本身对 a 的效应（即 NIE）。因此，使用 TIE 进行推断可以保留必要的语言背景知识。

4.4.2 技术实现

在视觉问答问题中，我们将参考值定义为阻断视觉或语言模态信息，即输入中没有给出 v 或 q，$V=v^*=\varnothing$，$Q=q^*=\varnothing$。需要说明的是，这个定义与传统视觉问答设定不同。在传统视觉问答中，V 与 Q 均需要给出，模型需根据来自视觉和语言两边的输入进行计算。在没有给出 v 或 q 的情况下，传统的视觉问答模型无法对空输入提取特征。考虑到以上问题，我们采用一种简单实用的假设，即如果 V 和 Q 没有给定，那么多模态知识 K 的特征表达设定为空，即

$$K=\begin{cases}k=K_{v,q}, & \text{如果 } V=v \text{ 且 } Q=q \\ k^*=\varnothing, & \text{如果 } V=v^* \text{ 或 } Q=q^*\end{cases} \tag{4.13}$$

对于式（4.8）中的 $Z_{q,k}$，我们可以通过两个模型 $\mathcal{F}_Q$、$\mathcal{F}_{VQ}$ 及一个融合函数 h 计算得到

$$\begin{cases}Z_q=\mathcal{F}_Q(q), & Z_k=\mathcal{F}_{VQ}(v,q) \\ Z_{q,k}=h(Z_q,Z_k)\end{cases} \tag{4.14}$$

这里 $\mathcal{F}_Q$ 代表语言分支（即 $Q{\rightarrow}A$），输出为基于问题的 logit 结果 $Z_q\in\mathbb{R}$，$\mathcal{F}_{VQ}$ 代表视觉语言分支（即 $V{\rightarrow}K{\rightarrow}A$ 和 $Q{\rightarrow}K{\rightarrow}$

A），输出值为基于视觉语言知识的 logit 结果 $Z_k \in \mathbb{R}$。Z_q 和 Z_k 通过融合函数 h：$\mathbb{R} \times \mathbb{R} \rightarrow \mathbb{R}$ 进行融合，得到最终的 logit 输出 $Z_{q,k}$。值得注意的是，问答模型无法处理空输入，我们需要对空输入的情形进行设定。当人类缺乏所需知识时，往往会采取随机猜的方式进行作答，也就是说每个候选答案具有相同的概率被选中。受启发于人的思维方式，我们将 logit 输出定义为常数。Z_q 和 Z_k 的定义如下：

$$Z_q = \begin{cases} z_q = \mathcal{F}_Q(q), & \text{如果 } Q = q \\ c_q, & \text{如果 } Q = \varnothing \end{cases} \quad (4.15)$$

$$Z_k = \begin{cases} z_k = \mathcal{F}_{VQ}(v, q), & \text{如果 } V = v \text{ 且 } Q = q \\ c, & \text{如果 } V = \varnothing \text{ 或 } Q = \varnothing \end{cases} \quad (4.16)$$

这里 c 和 c_q 均代表常数。

　　需要指出的是，上述反事实视觉问答框架适用于各种基线模型。例如，视觉语言分支可以使用任意的视觉问答模型，如 UpDn[107] 和 SAN[43]，而语言分支可以通过词嵌入、递归神经网络和全连接层的组合加以实现。上述反事实视觉问答框架也适用于众多融合策略。最近，RUBi[58] 采用了如下融合函数：

（RUBi）　　　　$h(z_q, z_k) = z_k \cdot \sigma(z_q)$ 　　　　(4.17)

这里 $\sigma(\cdot)$ 代表 sigmoid 激活函数。为了验证反事实视觉问答框架的一般性，我们进一步尝试了如下三种非线性融合方法：

$$(\text{Product}) \qquad h(z_q,z_k) = \log(\sigma(z_k) \cdot \sigma(z_q)) \qquad (4.18)$$

$$(\text{Harmonic}) \qquad h(z_q,z_k) = \log \frac{\sigma(z_k) \cdot \sigma(z_q)}{1+\sigma(z_k) \cdot \sigma(z_q)} \qquad (4.19)$$

$$(\text{Sum}) \qquad h(z_q,z_k) = \log \sigma(z_k+z_q) \qquad (4.20)$$

对于训练过程而言,我们采取了 Cadene 等人[58] 的训练策略。具体而言,给定训练集 $\mathcal{D}=\{(v,q,a)\}$,其中 a 为 (v,q) 对应的标准答案,模型通过最小化基于知识的 logit 输出 $Z_{q,k}$ 和基于问题的 logit 输出 Z_q 的交叉熵损失函数进行优化:

$$\begin{cases} \ell_K(v,q) = -\log \text{softmax}(Z_{q,k})[a] \\ \ell_Q(q) = -\log \text{softmax}(Z_q)[a] \\ \mathcal{L} = \sum_{(v,q,a)\in\mathcal{D}} \ell_K(v,q) + \ell_Q(q) \end{cases} \qquad (4.21)$$

在测试阶段,我们使用总体间接效应 TIE 进行推断,同时将其与自然间接效应 NIE 进行比较。对于 RUBi 融合方式而言,TIE 和 NIE 的计算过程为

$$\begin{cases} \text{TIE} = Z_{q,k}-Z_{q,k^*} = z_k \cdot \sigma(z_q)-c \cdot \sigma(z_q) \\ \text{NIE} = Z_{q^*,k}-Z_{q^*,k^*} = z_k \cdot \sigma(c_q)-c \cdot \sigma(c_q) \propto z_k \end{cases} \qquad (4.22)$$

由于 $\sigma(c_q) \geq 0$ 和 c 均为常数,我们可以得到 $\text{NIE} \propto z_k$,这正是视觉语言分支的 logit 输出。注意到 RUBi[58] 在推断过程中仅仅保留视觉语言分支,这说明从因果分析的角度来看,RUBi[58] 实际上采用了 NIE 的策略进行推断。

对于 Product 融合策略，我们可以得到

$$
\begin{aligned}
\text{TIE} &= Z_{q,k} - Z_{q,k^*} \\
&= (\log\sigma(z_k) + \log\sigma(z_q)) - (\log\sigma(c) + \log\sigma(z_q)) \\
&= \log\sigma(z_k) - \log\sigma(c) \propto z_k
\end{aligned}
$$

$$(4.23)$$

$$
\begin{aligned}
\text{NIE} &= Z_{q^*,k} - Z_{q^*,k^*} \\
&= (\log\sigma(z_k) + \log\sigma(c_q)) - (\log\sigma(c) + \log\sigma(c_q)) \\
&= \log\sigma(z_k) - \log\sigma(c) \propto z_k
\end{aligned}
$$

$$(4.24)$$

可以看出，对于 Product 融合策略而言，TIE 和 NIE 在实际应用中，均通过保留视觉语言分支进行实现。

对于 Harmonic 融合策略，我们可以得到

$$
\begin{aligned}
\text{TIE} &= Z_{q,k} - Z_{q,k^*} \\
&= \log\frac{\sigma(z_k)\cdot\sigma(z_q)}{1+\sigma(z_k)\cdot\sigma(z_q)} - \log\frac{\sigma(c)\cdot\sigma(z_q)}{1+\sigma(c)\cdot\sigma(z_q)} \\
&= \log\left(\frac{\sigma(z_k)\cdot\sigma(z_q)}{1+\sigma(z_k)\cdot\sigma(z_q)}\cdot\frac{1+\sigma(c)\cdot\sigma(z_q)}{\sigma(c)\cdot\sigma(z_q)}\right) \\
&= \log\left(\frac{\sigma(z_k)}{1+\sigma(z_k)\cdot\sigma(z_q)}\cdot\frac{1+\sigma(c)\cdot\sigma(z_q)}{\sigma(c)}\right) \\
&\propto \frac{\sigma(z_k)\cdot(1+\sigma(c)\cdot\sigma(z_q))}{1+\sigma(z_k)\cdot\sigma(z_q)}
\end{aligned}
$$

$$(4.25)$$

$$
\begin{aligned}
\mathrm{NIE} &= Z_{q^*,k} - Z_{q^*,k^*} \\
&= \log \frac{\sigma(z_k) \cdot \sigma(c_q)}{1+\sigma(z_k) \cdot \sigma(c_q)} - \log \frac{\sigma(c) \cdot \sigma(c_q)}{1+\sigma(c) \cdot \sigma(c_q)} \\
&= \log \left(\frac{\sigma(z_k) \cdot \sigma(c_q)}{1+\sigma(z_k) \cdot \sigma(c_q)} \cdot \frac{1+\sigma(c) \cdot \sigma(c_q)}{\sigma(c) \cdot \sigma(c_q)} \right) \\
&= \log \left(\frac{\sigma(z_k)}{1+\sigma(z_k) \cdot \sigma(c_q)} \cdot \frac{1+\sigma(c) \cdot \sigma(c_q)}{\sigma(c)} \right) \propto z_k
\end{aligned}
$$

$$(4.26)$$

说明对于 Harmonic 融合策略而言，TIE 和 NIE 的结果不同，且 NIE 同样可以通过保留视觉语言分支进行实现。

对于 Sum 融合策略，我们可以得到

$$
\begin{aligned}
\mathrm{TIE} &= Z_{q,k} - Z_{q,k^*} \\
&= \log \sigma(z_k + z_q) - \log \sigma(c + z_q) \\
&= \log \frac{\sigma(z_k + z_q)}{\sigma(c + z_q)} \\
&\propto \frac{\sigma(z_k + z_q)}{\sigma(c + z_q)}
\end{aligned}
$$

$$(4.27)$$

$$
\begin{aligned}
\mathrm{NIE} &= Z_{q^*,k} - Z_{q^*,k^*} \\
&= \log \sigma(z_k + c_q) - \log \sigma(c + c_q) \\
&= \log \frac{\sigma(z_k + c_q)}{\sigma(c + c_q)} \propto z_k
\end{aligned}
$$

$$(4.28)$$

从以上推导可以看出，在不含视觉分支的情况下，对于如上融合策略而言，使用 NIE 进行推断等价于在测试阶段仅使用视觉语言分支进行推断。

4.5 基于完全因果图的反事实视觉问答

上一节中的因果图为不含视觉分支（$V{\rightarrow}A$）的简化版因果图，目的在于从理论上将相关工作归纳到因果推断框架中。考虑到因果图的完整性，这一节将加入视觉分支对完整因果图进行分析阐述。与简化版因果图相比，完整因果图考虑了图像 V 到答案 A 的直接效应。完整因果图如图4.5所示。

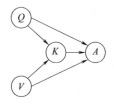

图4.5 视觉问答任务的完整因果图

4.5.1 反事实视觉问答框架

在上一节中，我们将答案 a 的 logit 输出表示为 $Y_{v,q}=Y(V=v,Q=q)$，将多模态知识 K 表示为 $K_{v,q}=K(V=v,Q=q)$。同样地，将 v 和 q 作用于 a 上的总体效应可以表示为

$$\mathrm{TE}=Y_{v,q}-Y_{v^*,q^*}=Y_{v,q,k}-Y_{v^*,q^*,k^*} \tag{4.29}$$

在反事实的视觉问答情形中，Q 设定为 q，V 设定为参考值 v^*，同时 K 设定为参考值 k^*。这一设定的意义在于，当 K

和 V 设定为参考值时，Q 的变化对 A 的效应影响。在这种情况下，我们可以得到 q 对 a 的自然直接效应：

$$\text{NDE} = Y_{v^*,q,k^*} - Y_{v^*,q^*,k^*} \tag{4.30}$$

为了行文统一，我们仍使用符号 NDE 表示这一效应。通过将总体效应中的上述效应去掉，可以得到

$$\text{TIE} = \text{TE} - \text{NDE} = Y_{v,q,k} - Y_{v^*,q,k^*} \tag{4.31}$$

同样为了行文统一，我们仍使用符号 TIE 表示这一效应。

4.5.2 技术实现

多模态知识 K 的特征表达与上一节相同，即

$$K = \begin{cases} k = K_{v,q}, & \text{如果 } V = v \text{ 且 } Q = q \\ k^* = \varnothing, & \text{如果 } V = v^* \text{ 或 } Q = q^* \end{cases} \tag{4.32}$$

反事实表示 $Y_{v,q,k}$ 可以通过两个单一分支 F_Q 和 F_Q、一个多模态分支 $\mathcal{F}_{VQ}$ 和融合函数 h 得到

$$\begin{cases} Z_v = \mathcal{F}_V(v), & Z_q = \mathcal{F}_Q(q), \quad Z_k = \mathcal{F}_{VQ}(v,q) \\ Y_{v,q,k} = h(Z_v, Z_q, Z_k) \end{cases} \tag{4.33}$$

这里 $\mathcal{F}_V$ 代表视觉分支（即 $V \rightarrow A$），输出值为基于视觉的 logit 结果 $Z_v \in \mathbb{R}$。$\mathcal{F}_Q$ 代表语言分支（即 $Q \rightarrow A$），输出值为基于问题的 logit 结果 $Z_q \in \mathbb{R}$。$\mathcal{F}_{VQ}$ 代表视觉语言分支（即 $V \rightarrow K \rightarrow A$ 和 $Q \rightarrow K \rightarrow A$），输出值为基于知识的 logit 结果 $Z_k \in \mathbb{R}$。三个 logit 输出 Z_v、Z_q 和 Z_k 通过融合函数 $h: \mathbb{R} \times \mathbb{R} \times \mathbb{R} \rightarrow \mathbb{R}$ 进行融合，得到最终的 logit 输出 $Y_{v,q,k}$。

同样地，由于神经网络无法处理空输入，我们定义空输入情况下的 logit 输出为常数：

$$Z_v = \begin{cases} z_v = \mathcal{F}_V(v), & \text{如果 } V=v \\ c_v, & \text{如果 } V=\varnothing \end{cases} \tag{4.34}$$

$$Z_q = \begin{cases} z_q = \mathcal{F}_Q(q), & \text{如果 } Q=q \\ c_q, & \text{如果 } Q=\varnothing \end{cases} \tag{4.35}$$

$$Z_k = \begin{cases} z_k = \mathcal{F}_{VQ}(v,q), & \text{如果 } V=v \text{ 且 } Q=q \\ c, & \text{如果 } V=\varnothing \text{ 或 } Q=\varnothing \end{cases} \tag{4.36}$$

这里 c、c_v 和 c_q 均代表相关常数。

对于融合函数而言，由于加入了视觉单一分支，上一节的融合函数不能直接使用。我们将这些融合函数扩展到满足于三个分支的情形，即：

（RUBi）　$h(z_v,z_q,z_k) = z_k \cdot (\sigma(z_v)+\sigma(z_q))$ (4.37)

（Product）$h(z_v,z_q,z_k) = \log(\sigma(z_k) \cdot \sigma(z_v) \cdot \sigma(z_q))$ (4.38)

（Harmonic）　$h(z_v,z_q,z_k) = \log \dfrac{\sigma(z_k) \cdot \sigma(z_v) \cdot \sigma(z_q)}{1+\sigma(z_k) \cdot \sigma(z_v) \cdot \sigma(z_q)}$

(4.39)

（Sum）　　　$h(z_q,z_k) = \log\sigma(z_v+z_k+z_q)$ (4.40)

对于 RUBi 模型而言，可以得到

$$\begin{aligned} \text{TIE} &= Y_{v,q,k} - Y_{v^*,q,k^*} \\ &= z_k \cdot (\sigma(z_v)+\sigma(z_q)) - c \cdot (\sigma(c_v)+\sigma(z_q)) \end{aligned} \tag{4.41}$$

对于 Product 融合策略，可以得到

$$\begin{aligned}
\text{TIE} &= Y_{v,q,k} - Y_{v^*,q,k^*} \\
&= (\log\sigma(z_k) + \log\sigma(z_v) + \log\sigma(z_q)) - (\log\sigma(c) + \log\sigma(c_q) + \log\sigma(z_q)) \\
&= \log\sigma(z_k) + \log\sigma(z_v) - \log\sigma(c) - \log\sigma(c_q) \\
&\propto \sigma(z_k) * \sigma(z_v)
\end{aligned}$$

$$(4.42)$$

对于 Harmonic 融合策略，可以得到

$$\begin{aligned}
\text{TIE} &= Y_{v,q,k} - Y_{v^*,q,k^*} \\
&= \log\frac{\sigma(z_k) \cdot \sigma(z_v) \cdot \sigma(z_q)}{1+\sigma(z_k) \cdot \sigma(z_v) \cdot \sigma(z_q)} - \log\frac{\sigma(c) \cdot \sigma(c_v) \cdot \sigma(z_q)}{1+\sigma(c) \cdot \sigma(c_v) \cdot \sigma(z_q)} \\
&= \log\left(\frac{\sigma(z_k) \cdot \sigma(z_v) \cdot \sigma(z_q)}{1+\sigma(z_k) \cdot \sigma(z_v) \cdot \sigma(z_q)} \cdot \frac{1+\sigma(c) \cdot \sigma(c_v) \cdot \sigma(z_q)}{\sigma(c) \cdot \sigma(c_v) \cdot \sigma(z_q)}\right) \\
&= \log\left(\frac{\sigma(z_k) \cdot \sigma(z_v)}{1+\sigma(z_k) \cdot \sigma(z_v) \cdot \sigma(z_q)} \cdot \frac{1+\sigma(c) \cdot \sigma(c_v) \cdot \sigma(z_q)}{\sigma(c) \cdot \sigma(c_v)}\right) \\
&\propto \frac{\sigma(z_k) \cdot \sigma(z_v) \cdot (1+\sigma(c) \cdot \sigma(c_v) \cdot \sigma(z_q))}{1+\sigma(z_k) \cdot \sigma(z_v) \cdot \sigma(z_q)}
\end{aligned}$$

$$(4.43)$$

对于 Sum 融合策略，可以得到

$$\begin{aligned}
\text{TIE} &= Y_{v,q,k} - Y_{v^*,q,k^*} \\
&= \log\sigma(z_k+z_v+z_q) - \log\sigma(c+c_v+z_q) \\
&= \log\frac{\sigma(z_k+z_v+z_q)}{\sigma(c+c_v+z_q)} \\
&\propto \frac{\sigma(z_k+z_v+z_q)}{\sigma(c+c_v+z_q)}
\end{aligned}$$

$$(4.44)$$

4.6　实现细节

为了与其他方法进行公平比较，我们采用了与 RUBi[58] 相同的设定，包括特征表示、基线模型及训练策略。

在图像特征方面，我们采用了视觉语言中流行的基于 Faster R-CNN 的自底向上视觉注意力特征模型[107]，对每个图像选取了 36 个置信度最大的候选区域并提取视觉特征。在问题特征表示方面，参照 Cadene 等人[119,58] 的处理方式，我们首先将全部字母用小写形式表示，并去掉了标点符号。之后，采用预训练好的 Skip-thought 编码器[120] 并进行微调。问题特征表示的维度设定为 4 800。

视觉语言分支包含了图像特征编码、问题特征编码和多模态特征编码。图像特征与问题特征编码如上一段所述。常用的基线多模态特征编码模型包括 SAN[43]、Up-Dn[107]，以及 Cadene 等人[58] 提出的简化版的 MUREL[119]（本书简称为 S-MUREL）。S-MUREL 采用了对图像和问题进行双线性融合的 BLOCK[121] 的模块和带有 ReLU 激活函数的三层感知分类器。分类器的每一层维度分别为 2 048、2 048 和 3 000。

语言单一分支由问题特征编码和问题单一分类器组成。问题单一分类器通过带有 ReLU 激活函数的三层感知分类器实现。需要指出的是，这一分类器具有视觉语言分支中相同的分类器结构和不同的参数。

在完整因果图分析中，我们加入了额外的视觉单一分支。视觉单一分支的输入为图像特征，输出为答案的概率分布。视觉单一分支的分类器具有和语言单一分支相同的结构和不同的参数。

在优化过程中，模型通过 Adam[110] 优化器进行 22 轮的优化。学习率在前 8 轮由 1.5×10^{-4} 提高至 6×10^{-4}，在接下来的 14 轮中每两轮缩减至之前的四分之一。每批次输入的样本数为 256。

4.7 实验结果

4.7.1 实验设置

本书中的主实验将在视觉问答中对语言偏差敏感的 VQA-CP 数据集[51] 上进行。VQA-CP 数据集用来评价在训练分布和测试分布明显不一致时，视觉问答模型是否能够保持鲁棒性。同时，我们也在平衡的视觉问答数据集 VQA v2 上观测模型是否过分修正了语言偏差问题。两个数据集的概况如表 4.1 所示。具体而言，VQA-CP 和 VQA 数据集均基于 MSCOCO 图像集进行收集。VQA v2 基于 VQA v1 进行改进，通过人工统计语言偏差，对 VQA v1 数据集中的图像、问题、答案三元组 (I,Q,A)，找到一个与图像 I 相似的另一个图像

I'，对问题 Q 生成与答案 A 不同的新的答案 A'。对于同一个问题，丰富其对应图像以及答案的多样性。研究者们希望通过这样的形式，以数据增强的方式解决语言偏差。通过这样的方式得到的 VQA v2 数据集的答案分布更为均衡。然而，这种方式重在解决分布不均衡性，而没有考察视觉问答模型在分布不一致时的问题，即 VQA v2 训练集、验证集和测试集的分布仍然是相近的。出于以上考虑，Agrawal 等人[50] 对 VQA 数据集进行重整，得到了 VQA-CP 数据集。具体而言，研究者们首先将 VQA 数据集的训练集与验证集中具有相同问题类型和相同答案的三元组纳入同一组。之后，根据分组的问题，对数据集进行重新划分，依据是使新数据集中训练集与测试集中的属性与概念尽可能覆盖，同时出现在训练集中的问答分组不会在测试集中重复出现。通过如上操作使得对于每个问题类型而言，训练集和测试集的答案分布尽可能不一致。

表 4.1　视觉问答数据集概览

数据集	划分	图像来源	图像数目	问题数目	答案数目
VQA-CP v2	Train	MSCOCO	约 12.1 万	约 43.8 万	约 438 万
	Test	MSCOCO	约 9.8 万	约 22 万	约 220 万
VQA v2	Train	MSCOCO	约 8.2 万	约 44.4 万	约 444 万
	Val	MSCOCO	约 4.1 万	约 21.4 万	约 214 万

4.7.2　简化因果图实验结果

我们首先对基于简化因果图的因果推断模型进行评估，即因果图中只包含从问题 Q 到答案 A 的直接路径（语言单一分支），而不包含从图像 V 到答案 A 的直接路径（视觉单一分支）。

在消融实验中，我们分别验证方法的敏感性与有效性。在上一章节中，我们令模型对于空输入的 logit 输出为常数 c。图 4.6 展示了不同的 c 对模型性能的影响。从图中可以看到的是，RUBi 融合方式对常数较为敏感，且在测试集上的性能最高点未与训练集上的最低点重合。而 Harmonic 和 Sum 融合方式在训练集上关于 c 的性能曲线呈下凸曲线，在测试集上呈上凸曲线，且最高点与最低点重合。以上现象可能的原因是：①sigmoid 和 log 函数起到了正则化的作用；②Harmonic 和 Sum 在组合过程中将各分支同等看到，而 RUBi 对语言单一分支使用了 sigmoid 激活函数，可以看作对直接分支的抑制。上述现象表明 Harmonic 和 Sum 是实践中更稳定可靠的融合方式，也说明融合方式对反事实视觉问答框架的实现具有一定的影响，研究者在使用时需要合理的选择融合方式。根据图 4.6 中的结果，我们在主实验和模块消融实验中将常数 c 对 RUBi 设置为 10，将 Harmonic 中的常数 c 设置为 logit (10^{-3})，将 Sum 中的常数 c 设置为 -10。

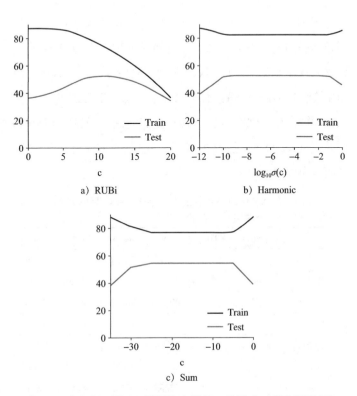

a）RUBi

b）Harmonic

c）Sum

图 4.6　在 VQA-CP v2 数据集上常数 c 的影响（简化因果图）

　　表 4.2~表 4.4 中的消融实验验证了方法的有效性。如表格所示，本章提出的反事实视觉问答框架普遍适用于各种基线模型（包括 SAN、UpDn 和 S-MUREL）和融合策略（包括 RUBi、Product、Harmonic 和 Sum）。从实验结果可以看出：①TIE 在所有情况下优于 NIE 至少三个百分点；②对于 NIE 而言，Product 融合方式比 RUBi、Harmonic 和 Sum 更稳定；

③对于 TIE 而言，Sum 融合方式相较于其他融合方式更优。需要指出的是，遵从反事实视觉问答框架，我们在 RUBi 预训练的模型基础[58] 上，仅仅在测试阶段更改一行代码，将 NIE 替换为 TIE，就可以提升五个百分点。这反映出通过因果推断的理论，现有方法仍具有提高空间。通过将 RUBi 融合方式替换为 Sum 进行重新训练，可以进一步得到额外的两个百分点的提升。

表 4.2　VQA-CP v2 测试集上基于 SAN 基线模型的消融实验（简化因果图）

	NIE	TIE	All	Yes/No	Number	Other
SAN			33.18	38.57	12.25	36.10
RUBi	√		37.37	53.08	17.29	34.65
RUBi		√	**49.35**	**88.43**	**18.65**	**37.28**
Product	√	√	46.20	72.70	16.48	40.47
Harmonic	√		45.48	71.32	17.19	39.71
Harmonic		√	**49.43**	**83.82**	**17.52**	**40.16**
Sum	√		42.35	62.33	**16.64**	38.94
Sum		√	**49.85**	**87.75**	16.15	**39.24**

表 4.3　VQA-CP v2 测试集上基于 UpDn 基线模型的消融实验（简化因果图）

	NIE	TIE	All	Yes/No	Number	Other
UpDn			37.69	43.17	12.53	41.72
RUBi	√		42.78	56.48	17.55	**42.52**
RUBi		√	**51.33**	**91.13**	**23.16**	38.20

（续）

	NIE	TIE	All	Yes/No	Number	Other
Product	√	√	47.26	67.11	17.69	44.98
Harmonic	√		46.50	67.54	12.83	44.72
Harmonic		√	**49.53**	**77.02**	**12.86**	**45.18**
Sum	√		47.10	70.00	12.80	44.51
Sum		√	**53.55**	**91.15**	**12.81**	**45.02**

表 4.4 VQA-CP v2 测试集上基于 S-MUREL 基线模型的消融实验（简化因果图）

	NIE	TIE	All	Yes/No	Number	Other
S-MUREL			37.09	41.39	12.46	41.60
RUBi	√		47.43	69.11	19.78	**43.66**
RUBi		√	**52.62**	**87.14**	**23.69**	42.47
Product	√	√	49.14	71.49	20.59	45.26
Harmonic	√		49.57	72.31	20.28	45.68
Harmonic		√	**52.68**	**82.05**	**20.76**	**46.04**
Sum	√		49.42	74.43	20.52	44.24
Sum		√	**54.52**	**90.69**	**21.84**	**44.53**

　　我们进一步将因果模型与其他研究语言偏差的最新工作进行对比。这些最新工作可以归为两大类。第一类为基于额外解释标注的模型，这些工作应用人类额外的视觉[56]或语言[57]标注信息来增强视觉问答系统中的视觉注意力模块。代表性的工作有 HINT[54] 和 SCR[52]。第二类为基于语言先验

(language prior)的模型，这些工作聚焦在如何通过去除语言偏差来实现稳定的训练与预测。代表性工作包括 Ad-vReg.[51]、RUBi[58] 和 Learned-Mixin[53]。这些方法都显式地通过单独的语言分支将语言偏差进行建模，主要区别在于训练策略的不同。需要指出的是，RUBi 和 Learned-Mixin 方法可以归纳到本章的反事实视觉问答框架中。这两类工作进行相比，第一类工作需要额外的监督信息进行训练，且通过增强视觉模块间接地去除语言偏差。第二类工作则直接通过去除语言偏差，增强模型在推断过程中的鲁棒性。

　　表 4.5 和表 4.6 展示了本章提出的反事实视觉问答框架 CF-VQA 与相关工作的比较。考虑到 Sum 融合方式的稳定性和高效性，在这里我们采用 TIE 和 Sum 融合方式的组合作为 CF-VQA 的实现。总体而言，CF-VQA 在语言敏感的 VQA-CP 数据集上取得了最佳的性能，且比最相关的工作 RUBi[58] 方法提高了 7 个百分点。需要指出的是，Learned-Mixin 在引入了对语言分支额外的熵惩罚情况下（即 Learned-Mixin+H），在 VQA-CP v2 数据集上取得了与我们方法接近的结果（52% 左右）。然而，如表 4.6 所示，Learned-Mixin+H 在平衡的 VQA v2 数据集上的性能明显下降。这一现象的原因在于熵惩罚使得语言分支过度地去除语言偏差，反而影响了模型在平衡数据集上的鲁棒性。与之相比的是，CF-VQA 在 VQA v2 上较为稳定，尤其是与 Learned-Mixin+H 相比。这也反映出 CF-VQA 没有过度地去除语言偏差，即没有对分布不一致的

设定进行过拟合。进一步观察问题类型结果，可以发现 CF-VQA 模型在是非类型（Yes/No）的问题上提升较大，从 70% 左右提升到 90% 左右，与其他问题类型相比提升更为明显。这说明不同类型的问题所存在的语言偏差是不同的。下面的可视化结果也将进一步证实这一猜测。

表 4.5　VQA-CP v2 数据集上的对比实验（简化因果图）

	基线	All	Yes/No	Number	Other
基线模型					
GVQA[50]	—	31.30	57.99	13.68	22.14
SAN[43]	—	24.96	38.35	11.14	21.74
UpDn[38]	—	39.74	42.27	11.93	46.05
S-MUREL[58]	—	38.46	42.85	12.81	43.20
基于额外标注的模型					
AttAlign[54]	UpDn	39.37	43.02	11.89	45.00
HINT[54]	UpDn	46.73	67.27	10.61	45.88
SCR[52]	UpDn	49.45	72.36	10.93	**48.02**
基于语言先验的模型					
AdvReg.[51]	UpDn	41.17	65.49	15.48	35.48
RUBi[58]	UpDn	44.23	67.05	17.48	39.61
RUBi[58]	S-MUREL	47.11	68.65	20.28	43.18
Learned-Mixin[53]	UpDn	48.78	72.78	14.61	45.58
Learned-Mixin+H[53]	UpDn	52.01	72.58	**31.12**	46.97
CF-VQA（Ours）	UpDn	53.55	**91.15**	12.81	45.02
CF-VQA（Ours）	S-MUREL	**54.52**	90.69	21.84	44.53

表 4.6 VQA v2 数据集上的对比实验（简化因果图）

Baseline	VQA v2 val			
	All	Yes/No	Number	Other
基线模型				
GVQA[50]	—	48.24	72.03	31.17	34.65
SAN[43]	—	52.41	70.06	39.28	47.84
UpDn[38]	46.05	63.48	81.18	42.14	55.66
S-MUREL[58]	43.20	63.10	—	—	—
基于额外标注的模型				
AttAlign[54]	UpDn	63.24	80.99	42.55	55.22
HINT[54]	UpDn	63.38	81.18	42.99	55.56
SCR[52]	UpDn	62.2	78.8	41.6	54.5
基于语言先验的模型				
AdvReg.[51]	UpDn	62.75	79.84	42.35	55.16
RUBi[58]	UpDn	—	—	—	—
RUBi[58]	S-MUREL	61.16	—	—	—
Learned-Mixin[53]	UpDn	63.26	81.16	42.22	55.22
Learned-Mixin+H[53]	UpDn	56.35	65.06	37.63	54.69
CF-VQA（Ours）	UpDn	63.44	82.49	44.34	54.03
CF-VQA（Ours）	S-MUREL	60.30	81.31	44.08	48.61

我们进一步分析了答案分布的可视化结果，并解释为什么 TIE 相较于 NIE 可以取得明显提高。答案分布的可视化结果如图 4.7~图 4.9 所示，为了和 RUBi[58] 方法进行直接对比，我们采用了 RUBi 融合类型与 S-MUREL 基线模型作为

TIE 的实现。其中，图 4.7 展示了是非题或封闭式问题的示例，图 4.8 展示了宽泛的开放式问题示例，图 4.9 展示了类别相关的问题示例。可视化结果可以从以上三个方面分别进行解释。首先，如图 4.7 所示，TIE 与 NIE 相比，在是非类型的问题上明显去掉了语言偏差。问题类型"Is this"和"Do"存在明显的分布偏移，可以看到 TIE 非常有效地克服了语言偏差，而 NIE 则没有完全克服语言偏差。这体现了TIE 在去除语言偏差上的有效性。其次，TIE 能够克服高频答案中的潜在相关关系。对于图 4.8 中"Who"类型的问题

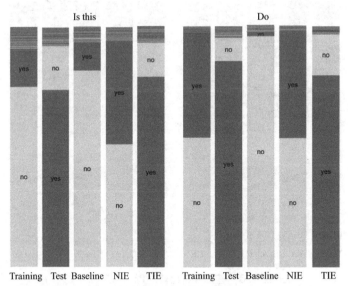

图 4.7　答案分布比较（1）（见彩插）

而言，在训练集中，"man"和"woman"是排名前两位的高频答案，并且二者的差距很小，而"woman"很少出现在测试集中。对于这一类型的问题，TIE 尽管没有很好地还原出答案分布，但是在测试集上非常少地预测"woman"这一类别。与之相对应的是，基线方法与 NIE 都不能正确地区分出两个性别之间的差距，并且过度地依赖于语言信息而非实际的视觉内容。这一现象在"Why"类型的问题中也可以看出。

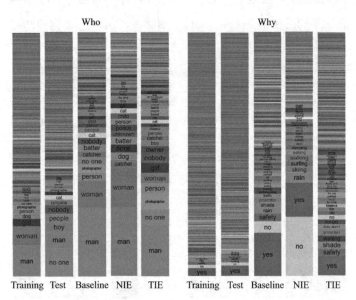

图 4.8　答案分布比较（2）（见彩插）

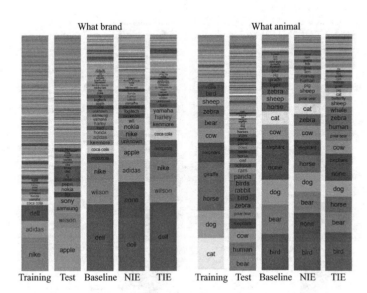

图4.9　答案分布比较（3）（见彩插）

此外，TIE 可以保留有用的语义背景信息，而 NIE 则在去除语言偏差的时候，也去掉了语义背景信息，这导致了 NIE 的性能下降。例如，在图 4.9 中，对于"What brand"和"What animal"类型的问题，NIE 会倾向于选择没有实际意义的答案"none"。相比而言，尽管 Baseline 和 TIE 没有很好地还原分布，但是它们都会倾向生成与问题类型相关的答案。这说明在缺少语义背景信息的情况下，模型会倾向生成无意义的答案。

图 4.10 和图 4.11 展示了使用 S-MUREL 基线模型和 RU-Bi 融合方法结合下 TIE 和 NIE 的示例结果。在示例结果中，

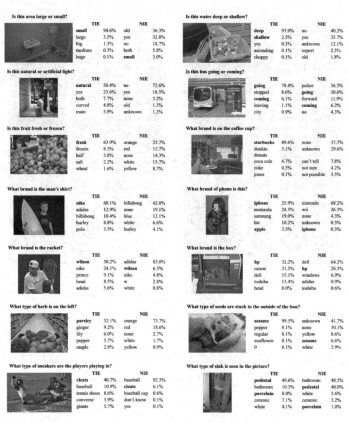

图 4.10　TIE 和 NIE 在 VQA-CP v2 数据集上的可视化结果（1）

我们展示了预测概率前五的候选答案。在这里，NIE 代表了 RUBi[58] 方法。从示例中可以看到，TIE 能够更好地捕捉到语义背景信息，例如"大的还是小的""真的还是雕塑"，并能在作答时更为关注与问题相关的答案，缩小作答选择范围。相比之下，NIE 则无法感知这类信息，往往会倾向于回答常见答案"yes"和"no"。对于类别相关的问题，如咖啡杯上的牌子（"What brand is on the coffee cup?"），TIE 也可以将与咖啡品牌相关的答案排在靠前的位置，而 NIE 则没有保留下这些信息，倾向于进行保险地回答，如没有（none）、不好说（can't tell）等。这一现象也体现在与手机品牌相关的问题等。这反映出在训练过程中，模型可以通过语言分支学习到语义知识。如果在推断过程中将语言分支完全去掉，那么有可能会丢掉这些语义知识。

图 4.11　TIE 和 NIE 在 VQA-CP v2 数据集上的可视化结果（2）

此外，图 4.11 展现了一些失败的例子。在这些例子中，TIE 有可能回复过于宽泛的答案。例如，在回答建筑类型时，TIE 会倾向于回复宽泛的类别"房子"而非明确的类别"教堂"，倾向于回答宽泛的类别"蔬菜"而非明确的类别"豌豆"。而在另一些情况中，TIE 会更关注于语义之间的联系，忽略了视觉信息。例如，对问题"人们为什么聚集在一起"（Why are the people gathered?），单从文本上看"游行"（parade）是一个可能正确的答案。然而关注到图像时可以看出"马球"（polo）是准确答案。这一情况可能的原因是，视觉相关的模块对于视觉信息的捕捉能力不够强。可能的改进策略是使用更强的视觉模块，或引入额外的视觉监督信息。因此，如何更有效地将视觉信息与语义背景进行融合，保留有用的语义信息，去掉有害的语言偏差，仍将是视觉问答领域的重要研究问题。

4.7.3 完全因果图实验结果

上一节中展示了基于简化因果图（即不包含视觉单一分支）的实验结果。这一节将对基于完全因果图（即包含了视觉单一分支）的实验结果进行阐述和分析。

根据上一节的解释，由于 Harmonic 和 Sum 融合方式更稳定高效，在这一节中，我们将着重报告 Harmonic 和 Sum 的实验结果。表 4.7~表 4.9 展示了基于完全因果图的消融实验结果。从表中可以得到与上一节中相似的结论：①NIE 和 TIE 均明显优于基线模型，②TIE 性能明显优于 NIE，③消融实验结果对于不同的基线模型（SAN、UpDn 和 S-MUREL）均适用。这一实验结果说明了反事实视觉问答框架的普适性，对于不同假设下的因果图均成立。也说明对于视觉问答问题，通过去除语言效应可以有效地克服数据集中分布不一致的问题。

表 4.7 VQA-CP v2 测试集上和 SAN 基线模型的
消融实验（完全因果图）

	NIE	TIE	All	Yes/No	Number	Other
SAN			33.18	38.57	12.25	36.10
Harmonic	√		44.68	63.01	**27.24**	39.86
Harmonic		√	**48.03**	**76.56**	21.03	**40.48**
Sum	√		41.26	59.61	**17.51**	38.52
Sum		√	**50.27**	**87.76**	16.97	**39.76**

表 4.8 VQA-CP v2 测试集上基于 UpDn 基线模型的
消融实验（完全因果图）

	NIE	TIE	All	Yes/No	Number	Other
UpDn			37.69	43.17	12.53	41.72
Harmonic	√		47.97	69.19	18.80	44.86
Harmonic		√	**49.94**	**74.82**	**18.93**	**45.42**
Sum	√		47.29	72.26	12.54	43.74
Sum		√	**53.69**	**91.25**	**12.80**	**45.23**

表 4.9 VQA-CP v2 测试集上基于 S-MUREL 基线模型的
消融实验（完全因果图）

	NIE	TIE	All	Yes/No	Number	Other
S-MUREL			37.09	41.39	12.46	41.60
Harmonic	√		49.37	73.20	**20.10**	44.92
Harmonic		√	**51.43**	**78.62**	20.07	**45.79**
Sum	√		48.27	74.60	20.96	41.96
Sum		√	**54.95**	**90.56**	**21.88**	45.36

在表 4.10 和表 4.11 中，我们进一步展示了两种不同假定下的反事实视觉问答框架结果对比。可以看出，引入了视觉单一分支之后，模型性能在两个数据集上均有提升，但提升非常有限。这一现象说明了在数据集只包含明显的语言偏差时，因果图中对视觉分支的假设对模型性能的贡献非常有限。简易因果图既可很好地完成去除语言偏差的作用，又具有更简单的网络结构和更少的计算量。相比之下，完整因果图的优点在于，只需要训练一次模型，就可以根据需要对语言或视觉偏差进行去除，不需要重新训练模型。也就是说，使用完整因果图时，研究者可以根据自身需求对相应的偏差进行去除。具体而言，在 VQA-CP 数据集上，用户可以通过去除语言偏差提升模型推断的鲁棒性。而如果数据集存在视觉偏差，或同时存在语言偏差和视觉偏差时，可以通过去掉对应的因果效应操作即可。这说明了基于完整因果图假设的模型在实际应用中的通用性更强。

表 4.10　VQA-CP v2 测试集上的对比实验（完全因果图）

	基线模型	All	Yes/No	Number	Other
GVQA[50]	—	31.30	57.99	13.68	22.14
SAN[43]	—	24.96	38.35	11.14	21.74
UpDn[38]	—	39.74	42.27	11.93	**46.05**
S-MUREL[58]	—	38.46	42.85	12.81	43.20
CF-VQA	UpDn	53.55	91.15	12.81	45.02
CF-VQA	S-MUREL	54.52	90.69	21.84	44.53
CF-VQA（Full）	UpDn	53.69	**91.25**	12.80	45.23
CF-VQA（Full）	S-MUREL	**54.95**	90.56	**21.88**	45.36

表 4.11　VQA v2 验证集上的对比实验（完全因果图）

	基线模型	VQA v2 val			
		All	Yes/No	Number	Other
GVQA[50]	—	48.24	72.03	31.17	34.65
SAN[43]	—	52.41	70.06	39.28	47.84
UpDn[38]	—	63.48	81.18	42.14	55.66
S-MUREL[58]	—	63.10	—	—	—
CF-VQA	UpDn	63.44	82.49	44.34	54.03
CF-VQA	S-MUREL	60.30	81.31	44.08	48.61
CF-VQA（Full）	UpDn	63.65	82.63	44.10	54.38
CF-VQA（Full）	S-MUREL	60.76	81.11	43.48	49.85

4.8　小结

视觉问答是典型的视觉语言交互问题。在视觉问答中，由于数据收集的限制以及真实世界中存在的分布不均现象，视觉问答数据集中的语言输入（即问题）和输出（即答案）之间往往存在较强的相关性，使得机器在学习和训练过程中过多地关注语言知识，忽略了对视觉知识的获取，从而使得学习到的知识存在偏差，进而影响了推断过程。为了解决视觉问答中的语言偏差问题，本章从因果推理的理论出发，基于因果推断建立反事实推理框架。与传统的视觉问答模型相比，本书框架通过建立额外的语言分支，显式地捕捉问题与答案之间的语言相关性，并通过从总体因果效应中将语言的直接因果效应去除的方式进行推断。这一推断方式与通过后验概率进行推断的传统机器学习方式明显不同。反事实推理框架也为近期相关工作[58,53]提供了理论上的解释，并从因果效应的视角提供了进一步提升的思路。

第5章

总结与展望

5.1 创新总结

本书聚焦在视觉语言交互中的视觉推理问题，从知识建模和知识推理两个方面展开。在知识建模方面，对单轮交互和多轮交互两个场景进行分析，选取指称语理解和视觉对话两个视觉语言交互中的经典问题，旨在探索如何在视觉语言交互场景下通过合理的推理获取知识。在知识推理方面，对知识偏差问题进行分析，选取视觉问答这一经典问题，旨在探索如何在训练数据有偏情况下进行无偏的推理和估计。

具体而言，在单轮交互场景下的指称语理解任务中，对视觉物体之间的关系以及视觉和语言之间的联系等背景信息进行理解是重要挑战。传统的多实例学习框架将 N 个物体的背景组合复杂度从 $O(2^N)$ 降低到 $O(N)$，过于简单地处理视觉关系情况，因此未能很好地对语义背景进行建模。基于以上考虑，本书提出了变分背景框架，通过目标物体对其背景进行估计，并根据估计的背景信息进行物体定位。变分下界在对交互作用进行建模的同时，也降低了语义背景的采样复杂度。此外，指称语生成可以融入本书提出的变分背景框架中。在训练阶段，基于指代物体和其语义背景生成表意明确的指称语，通过生成相关的损失函数对背景估计模块与定位模块进行优化，更好地估计语义背景。通过实验分析，我们认为通过对视觉物体关系等来自视觉和语言两个模态的语义背景信息进行建模，可以有效地处理指称语理解问题；通过指称语生成的多任务学习方式，可以进一步提升指称语理解模型的性能。

在多轮交互场景下的视觉对话任务中，如何结合对话历史和图像内容对当前问题进行理解是重要研究问题。其中，如何将问题中的指代词对应到图像中的相关物体（即视觉指代消解）是解决视觉对话任务的重要思想。本书提出了一种基于递归算法的视觉注意力模型，其核心思想是在回答问题时，如果对话机器人认为问题表意不清、难以直接通过问题判断指代物体，那么对话机器人将需要通过回顾与当前问题具有同一主题的对话历史，帮助进行视觉物体定位与视觉指代消解。以上思想可以通过经典的递归算法进行实现。递归视觉注意力模型的优点在于：①可解释性强，通过使用递归树对推理过程进行可视化，可以清晰地看出对话机器人在回答问题时，如何对自然语言进行理解、通过对话历史进行推理，并进一步关注图像中的相关区域；②更符合人的思维方式，传统的视觉对话模型需要计算每一轮对话历史中的视觉表示，所需的视觉注意力计算复杂度与历史对话长度线性相关，而本书提出的递归视觉注意力模型仅需要对话题相关的对话历史进行视觉注意力计算，理论上减少了计算复杂度，也更符合人的思考行为。

在知识偏差场景下的视觉问答任务中，如何克服数据集的语言偏差，使模型均衡地从视觉和语言两个模态获取知识，并根据两个模态的知识进行推理，是近年来视觉语言模型面临的重要问题。为了解决视觉问答中模型对语言偏差的依赖，本书从因果推断理论出发，通过反事实思维和中介分析等因果效应的新视角看待视觉问答问题。在因果效应的视角下，通过从视觉和语言的总体效应减掉语言的直接效应，可以实现对语言偏差的去除。这一因果框架对近期部分基于语言先验的框架提供了理论上的解释，同时可以进一步地提高上述框架的性能。在语言偏差敏感的数据集上取得明显提升的同时，因果模型也能够在分布平衡的数据上保持相对稳定的性能。

5.2　未来工作展望

在视觉语言任务中，视觉推理扮演着越发重要的角色。在未来工作中，将从以下几个方面继续探索视觉语言任务中的视觉推理问题，最终希望实现高精度、可解释的视觉交互系统。

5.2.1 视觉推理任务

近年来，结合计算机视觉和自然语言处理的视觉推理研究快速发展。从基础的视觉问答、指称语理解等任务，到复杂的视觉对话和视觉语言探索等任务，研究者对机器的推理能力有了更进一步的期待与要求。本书从指称语理解和视觉问答两个基础任务出发，分别从语言交互任务中的知识建模和知识偏差两个方面进行探究，同时对交互场景更为复杂的视觉对话任务也进行了探索。在视觉语言探索等与实际应用场景更为紧密的复杂任务中，知识建模仍是研究者首先要解决的问题。与视觉对话等任务相比，视觉语言探索不仅面临着变化的自然语言指令，其视觉场景也在动态变化。类似的情况也在视频相关的视觉语言任务中体现。因此，在这些复杂的视觉语言交互场景下，人们对机器的视觉推理和决策能力有了更高的要求。在未来将延续本书知识建模的思路，探究在更为复杂的交互场景下，如何对动态的视觉和语言两方面的语义背景信息进行建模。

5.2.2 知识建模

对于视觉语言任务中的视觉推理而言，其首要任务是从视觉和语言中获取语义背景知识。本书在单轮交互和多轮交互两个场景中对语义背景知识进行提取，建立视觉和语言的联系。本书相关模型的特征表示能力和知识表达能力仍有提升空间。近段时间，研究者们通过多步迭代推理的方式[122]或基于图结构的方式[123-124]进行知识建模，在视觉推理任务中取得了很好的性能。多步迭代推理方式通过将单步推理模块进行堆叠，对任务中的级联逻辑进行提取。基于图结构的方式则将视觉和语言中的实体以及实体间的关系，以图结构的方式进行表示，通过图神经网络、图注意力网络等结构进行信息传递，增强实体和实体关系的特征表示，进而提高性能。此外，借助于场景图（scene graph）[125]等外部知识，可以丰富属性、关系和图结构等信息，帮助提高视觉问答[112]等任务的性能。在未来工作中，将借鉴上述工作的思想，在模型性能与可解释性之间做好平衡，利用外部知识增强模型的推理能力和解释能力。

5.2.3　知识偏差

对于视觉推理中的知识偏差问题，本书采用了因果推理的思想，对视觉语言任务中的语言偏差进行了有效的去除。这是因果推理用于视觉语言应用问题的新尝试，在视觉问答任务中取得了很好的性能。本书的因果推理框架仍较为简单，主要体现在：①实体较少，本书选取了视觉问答这一经典任务入手，只需要考虑问题、图像、答案以及隐含的视觉语言知识四个实体，因果图的构成较为简单；②反事实假设简单，对于视觉问答的空输入，模型采用随机猜的方式对答案进行预测，这一假定在视觉问答任务上简单有效，但仍需在其他任务上验证其通用性，以及其他处理能否在本书的反事实假设下实现；③应用场景，通过视觉问答数据集上的实验可以看出，基于因果推断的模型在存在语言偏差的视觉问答场景下相较于基于相关性拟合的模型取得了很好的性能，然而在不存在语言偏差的场景下略有下降。这一现象反映出因果推断更适合应用于存在数据偏倚的情形。其他因果推断适用的情形仍有待研究。

　　基于以上考虑，未来工作将从以下方面展开：①更复杂的因果关系，在视觉探索等更复杂的任务中，问题中的实体会更多元，这会导致在刻画因果关系时会更复杂，需要充分考虑两两之间的因果关系，并判断两者之间是否需要假设具备因果关系，这会使得假设的可能性复杂度极高，如何处理复杂因果关系将是非常重要的研究问题；②因果探索，本书的一个假设是因果关系根据人的先验知识（如数据收集流程）进行定义，这在视觉问答问题中是合理有效的，研究者可以根据视觉问答数据集的收集过程，对因果关系进行定义，而因果关系是否可以不事先定义，而是直接从训练数据中进行挖掘，仍然是研究界感兴趣的重要问题；③通用性，本书对视觉问答这一问题使用因果推理框架进行了研究，而这一框架能否应用于更多的视觉语言问题以及基础性问题中仍然有待研究。未来将围绕因果推断框架的通用性及其适合的场景进行进一步讨论。

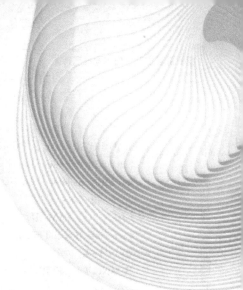

参考文献

[1] ANTOL S, AGRAWAL A, LU J, et al. VQA: Visual question an-swering[C]//Proceedings of the IEEE international conference on computer vision, 2015: 2425-2433.

[2] LI Y, DUAN N, ZHOU B, et al. Visual question generation as dual task of visual question answering[C]//Proceedings of the IEEE Conference on Computer Vision and Pattern Recognition, 2018: 6116-6124.

[3] ZHAO Z, YANG Q, CAI D, et al. Video question answering via hierarchical spatio-temporal attention networks. [C]//International Joint Conferences on Artificial Intelligence, 2017: 3518-3524.

[4] DAS A, KOTTUR S, GUPTA K, et al. Visual dialog[C]//Pro-ceedings of the IEEE Conference on Computer Vision and Pattern Recognition, 2017: 326-335.

[5] KAZEMZADEH S, ORDONEZ V, MATTEN M, et al. Referit-game: Referring to objects in photographs of natural scenes[C]// Proceedings of the 2014 conference on empirical methods in natural language processing (EMNLP 2014), 2014: 787-798.

[6] YU L, POIRSON P, YANG S, et al. Modeling context in referring expressions [C]//European Conference on Computer Vision. Ber-lin: Springer, 2016: 69-85.

[7] MAO J H, HUANG J, TOSHEV A, et al. Generation and comprehension of unambiguous object descriptions[C]//Proceedings of the IEEE conference on computer vision and pattern recognition, 2016: 11-20.

[8] CHEN X L, FANG H, LIN T Y, et al. Microsoft coco captions: Data collection and evaluation server[J]. Computer Science, 2015 (5): 1-7.

[9] HUANG T H, FERRARO F, MOSTAFAZADEH N, et al. Visual storytelling[C]//Proceedings of the 2016 Conference of the North American Chapter of the Association for Computational Linguistics: Human Language Technologies, 2016: 1233-1239.

[10] ZHANG H, XU T, LI H, et al. Stackgan: Text to photo-realistic image synthesis with stacked generative adversarial networks[C]// Proceedings of the IEEE international conference on computer vision, 2017: 5907-5915.

[11] THOMASON J, SINAPOV J, MOONEY R. Guiding interaction behaviors for multi-modal grounded language learning[C]//Proceedings of the First Workshop on Language Grounding for Robotics, 2017: 20-24.

[12] PLUMMER B A, WANG L, CERVANTES C M, et al. Flickr30k entities: Collecting region-to-phrase correspondences for richer image-to-sentence models[C]//Proceedings of the IEEE international conference on computer vision, 2015: 2641-2649.

[13] PLUMMER B A, MALLYA A, CERVANTES C M, et al. Phrase localization and visual relationship detection with comprehensive image-language cues[C]//Proceedings of the IEEE International Conference on Computer Vision, 2017: 1928-1937.

[14] GOLLAND D, LIANG P, KLEIN D. A game-theoretic approach to generating spatial descriptions[C]//Proceedings of the 2010 conference on empirical methods in natural language processing. ACL, 2010: 410-419.

[15] HU R, XU H, ROHRBACH M, et al. Natural language object retrieval[C]//Proceedings of the IEEE Conference on Computer Vision and Pattern Recognition, 2016: 4555-4564.

[16] ROHRBACH A, ROHRBACH M, HU R, et al. Grounding of textual phrases in images by reconstruction[C]//European Conference on Computer Vision. Springer, 2016: 817-834.

[17] DENG C R, WU Q, WU Q Y, et al. Visual grounding via accumulated attention[C]//Proceedings of the IEEE Conference on Computer Vision and Pattern Recognition, 2018.

[18] YU L, TAN H, BANSAL M, et al. A joint speaker-listener-reinforcer model for referring expressions[C]//Proceedings of the IEEE Conference on Computer Vision and Pattern Recognition, 2017: 7282-7290.

[19] YU L, LIN Z, SHEN X, et al. Mattnet: Modular attention network for referring expression comprehension[C]//Proceedings of the IEEE Conference on Computer Vision and Pattern Recognition, 2018: 1307-1315.

[20] HU R, ROHRBACH M, ANDREAS J, et al. Modeling relationships in referential expressions with compositional modular networks[C]//Proceedings of the IEEE Conference on Computer Vision and Pattern Recognition, 2017: 1115-1124.

[21] NAGARAJA V K, MORARIU V I, DAVIS L S. Modeling context between objects for referring expression understanding[C]//Proceedings of the European Conference on Computer Vision (ECCV). Berlin: Springer, 2016: 792-807.

[22] LU C, KRISHNA R, BERNSTEIN M, et al. Visual relationship detection with language priors[C]//Proceedings of European Conference on Computer Vision. Springer, 2016: 852-869.

[23] ZHANG H, KYAW Z, CHANG S F, et al. Visual translation embedding network for visual relation detection[C]//Proceedings of the IEEE conference on computer vision and pattern recognition,

2017: 5532-5540.

[24] LI Y, OUYANG W, WANG X, et al. Vip-cnn: Visual phrase guided convolutional neural network[C]//Proceedings of the IEEE Conference on Computer Vision and Pattern Recognition, 2017: 1347-1356.

[25] ZHANG H, KYAW Z, YU J, et al. Ppr-fcn: weakly supervised visual relation detection via parallel pairwise r-fcn[C]//Proceedings of IEEE International Conference on Computer Vision, 2017: 4233-4241.

[26] VINYALS O, TOSHEV A, BENGIO S, et al. Show and tell: A neural image caption generator [C]//Proceedings of the IEEE conference on computer vision and pattern recognition, 2015: 3156-3164.

[27] XU K, BA J, KIROS R, et al. Show, attend and tell: Neural image caption generation with visual attention[C]//Proceedings of International Conference on Machine Learning, 2015: 2048-2057.

[28] KRAHMER E, VAN DEEMTER K. Computational generation of referring expressions: A survey[J]. Computational Linguistics, 2012, 38(1):173-218.

[29] MITCHELL M, VAN DEEMTER K, REITER E. Generating expressions that refer to visible objects[C]//Proceedings of the 2013 Conference of the North American Chapter of the Association for Computational Linguistics. ACL, 2013.

[30] WINOGRAD T. Understanding natural language [J]. Cognitive psychology, 1972, 3(1):1-191.

[31] VAN DEEMTER K, VAN DER SLUIS I, GATT A. Building a semantically transparent corpus for the generation of referring expressions. [C]//Proceedings of the Fourth International Natural Language Generation Conference, 2006: 130-132.

[32] MITCHELL M, VAN DEEMTER K, REITER E. Natural reference to objects in a visual domain[C]//Proceedings of the 6th in-

ternational natural language generation conference. ACL, 2010:
95-104.

[33] LU J, KANNAN A, YANG J, et al. Best of both worlds: Transferring knowledge from discriminative learning to a generative visual dialog model[C]//Advances in Neural Information Processing Systems, 2017: 314-324.

[34] SEO P H, LEHRMANN A, HAN B, et al. Visual reference resolution using attention memory for visual dialog[C]//Advances in neural information processing systems, 2017: 3719-3729.

[35] KOTTUR S, MOURA J M, PARIKH D, et al. Visual coreference resolution in visual dialog using neural module networks[C]//Proceedings of the European Conference on Computer Vision (ECCV), 2018: 153-169.

[36] WU Q, WANG P, SHEN C, et al. Are you talking to me? reasoned visual dialog generation through adversarial learning[C]// Proceedings of the IEEE Conference on Computer Vision and Pattern Recognition, 2018: 6106-6115.

[37] AGRAWAL A, LU J, ANTOL S, et al. Vqa: Visual question answering[J]. International Journal of Computer Vision, 2017, 123 (1):4-31.

[38] ANDERSON P, WU Q, TENEY D, et al. Vision-and-language navigation: Interpreting visually-grounded navigation instructions in real environments[C]//Proceedings of the IEEE Conference on Computer Vision and Pattern Recognition, 2018: 3674-3683.

[39] ZELLERS R, BISK Y, FARHADI A, et al. From recognition to cognition: Visual commonsense reasoning[C]//Proceedings of the IEEE Conference on Computer Vision and Pattern Recognition, 2019: 6720-6731.

[40] FUKUI A, PARK D H, YANG D, et al. Multimodal compact bilinear pooling for visual question answering and visual grounding [J]. Science Open, 2016: 457-468.

[41] YU Z, YU J, FAN J, et al. Multi-modal factorized bilinear pooling with coattention learning for visual question answering[C]//Proceedings of the IEEE international conference on computer vision, 2017: 1821-1830.

[42] BEN-YOUNES H, CADENE R, CORD M, et al. Mutan: Multimodal tucker fusion for visual question answering[C]//Proceedings of the IEEE International Conference on Computer Vision, 2017: 2612-2620.

[43] YANG Z, HE X, GAO J, et al. Stacked attention networks for image question answering[C]//Proceedings of the IEEE conference on computer vision and pattern recognition, 2016: 21-29.

[44] SHI Y, FURLANELLO T, ZHA S, et al. Question type guided attention in visual question answering[C]//Proceedings of the European Conference on Computer Vision (ECCV), 2018: 151-166.

[45] ZHANG P, GOYAL Y, SUMMERS-STAY D, et al. Yin and yang: Balancing and answering binary visual questions[C]//Proceedings of the IEEE Conference on Computer Vision and Pattern Recognition, 2016: 5014-5022.

[46] GOYAL Y, KHOT T, SUMMERS-STAY D, et al. Making the v in vqa matter: Elevating the role of image understanding in visual question answering[C]//Proceedings of the IEEE Conference on Computer Vision and Pattern Recognition, 2017: 6904-6913.

[47] XU Y, ZHANG H W, CAI F J. Learning to collocate neural modules for image captioning[C]//IEEE International Conference on Computer Vision, 2019: 4249-4259.

[48] KRISHNA R, ZHU Y, GROTH O, et al. Visual genome: Connecting language and vision using crowdsourced dense image annotations[J]. International Journal of Computer Vision, 2017, 123 (1):32-73.

[49] MANJUNATHA V, SAINI N, DAVIS L S. Explicit bias discovery in visual question answering models[C]//Proceedings of the IEEE

Conference on Computer Vision and Pattern Recognition, 2019:
9562-9571.

[50] AGRAWAL A, BATRA D, PARIKH D, et al. Don't just as-
sume; look and answer: Overcoming priors for visual question an-
swering[C]//Proceedings of the IEEE Conference on Computer Vi-
sion and Pattern Recognition, 2018: 4971-4980.

[51] RAMAKRISHNAN S, AGRAWAL A, LEE S. Overcoming lan-
guage priors in visual question answering with adversarial regulari-
zation[C]//Advances in Neural Information Processing Systems,
2018: 1541-1551.

[52] WU J L, MOONEY R J. Self-critical reasoning for robust visual
question answering[C]//NeurIPS, 2019: 8601-8611.

[53] CLARK C, YATSKAR M, ZETTLEMOYER L. Don't take the
easy way out: Ensemble based methods for avoiding known data-
set biases[C]//Proceedings of the 2019 Conference on Empirical
Methods in Natural Language Processing and the 9th International
Joint Conference on Natural Language Processing, 2019: 4069-
4082.

[54] SELVARAJU R R, LEE S, SHEN Y, et al. Taking a hint: Lever-
aging explanations to make vision and language models more
grounded[C]//ICCV, 2019: 2591-2600.

[55] AGRAWAL A, BATRA D, PARIKH D. Analyzing the behavior of
visual question answering models[J]. arXiv preprint arXiv, 2016:
1606.07356.

[56] DAS A, AGRAWAL H, ZITNICK L, et al. Human attention in
visual question answering: Do humans and deep networks look at
the same regions? [J]. Computer Vision and Image Understand-
ing, 2017, 163:90-100.

[57] HUK PARK D, ANNE HENDRICKS L, AKATA Z, et al. Multi-
modal explanations: Justifying decisions and pointing to the evi-
dence[C]//Proceedings of the IEEE Conference on Computer Vi-

sion and Pattern Recognition, 2018: 8779-8788.

[58] CADENE R, DANCETTE C, BEN-YOUNES H, et al. Rubi: Reducing unimodal biases in visual question answering[J]. arXiv preprint arXiv, 2019: 1906.10169.

[59] MORGAN S L, WINSHIP C. Counterfactuals and causal inference [M]. Cambridge: Cambridge University Press, 2015.

[60] ROBINS J M, HERNAN M A, BRUMBACK B. Marginal structural models and causal inference in epidemiology[J]. Epidemiology, 2000, 11: 550-560.

[61] CHERNOZHUKOV V, FERNÁNDEZ-VAL I, MELLY B. Inference on counterfactual distributions[J]. Econometrica, 2013, 81 (6):2205-2268.

[62] RUBIN D B. Causal inference using potential outcomes: Design, modeling, decisions[J]. Journal of the American Statistical Association, 2005, 100(469): 322-331.

[63] PETERSEN M L, SINISI S E, VAN DER LAAN M J. Estimation of direct causal effects[J]. Epidemiology, 2006, 17(3): 276-284.

[64] PEARL J. Direct and indirect effects[C]//Proceedings of the seventeenth conference on uncertainty in artificial intelligence. Morgan Kaufmann Publishers Inc., 2001: 411-420.

[65] YOON J, JORDON J, VAN DER SCHAAR M. GANITE: Estimation of individualized treatment effects using generative adversarial nets[C]//The International Conference on Learning Representations, 2018.

[66] SHALIT U, JOHANSSON F D, SONTAG D. Estimating individual treatment effect: generalization bounds and algorithms[C]//Proceedings of the 34th International Conference on Machine Learning-Volume 70. JMLR. org, 2017: 3076-3085.

[67] YAO L, LI S, LI Y, et al. Representation learning for treatment effect estimation from observational data[C]//Advances in Neural Information Processing Systems, 2018: 2633-2643.

[68] BOTTOU L, PETERS J, QUIÑONERO-CANDELA J, et al. Counterfactual reasoning and learning systems: The example of computational advertising[J]. The Journal of Machine Learning Research, 2013, 14(1):3207-3260.

[69] ZINKEVICH M, JOHANSON M, BOWLING M, et al. Regret minimization in games with incomplete information[C]//Advances in neural information processing systems, 2008: 1729-1736.

[70] OBERST M, SONTAG D. Counterfactual off-policy evaluation with gumbelmax structural causal models[J]. arXiv preprint arXiv, 2019: 1905.05824.

[71] GOYAL Y, WU Z, ERNST J, et al. Counterfactual visual explanations[J]. arXiv preprint arXiv, 2019: 1904.07451.

[72] HENDRICKS L A, HU R, DARRELL T, et al. Grounding visual explanations[C]//European Conference on Computer Vision. Berlin: Springer, 2018: 269-286.

[73] CHEN L, ZHANG H, XIAO J, et al. Scene dynamics: Counterfactual critic multi-agent training for scene graph generation[J]. arXiv preprint arXiv, 2018: 1812.02347.

[74] FANG Z, KONG S, FOWLKES C, et al. Modularized textual grounding for counterfactual resilience[C]//Proceedings of the IEEE Conference on Computer Vision and Pattern Recognition, 2019: 6378-6388.

[75] KANEHIRA A, TAKEMOTO K, INAYOSHI S, et al. Multimodal explanations by predicting counterfactuality in videos[C]//Proceedings of the IEEE Conference on Computer Vision and Pattern Recognition, 2019: 8594-8602.

[76] KINGMA D P, WELLING M. Auto-encoding variational bayes[J]. arXiv preprint arXiv, 2013: 1312.6114.

[77] SCHUSTER S, KRISHNA R, CHANG A, et al. Generating semantically precise scene graphs from textual descriptions for improved image retrieval[C]//Proceedings of the fourth workshop on

vision and language, 2015: 70-80.

[78] YAN X, YANG J, SOHN K, et al. Attribute2image: Conditional image generation from visual attributes[C]//European Conference on Computer Vision. Berlin: Springer, 2016: 776-791.

[79] XUE T, WU J, BOUMAN K, et al. Visual dynamics: Probabilistic future frame synthesis via cross convolutional networks[C]//Advances in neural information processing systems, 2016: 91-99.

[80] DIETTERICH T G, LATHROP R H, LOZANO-PÉREZ T. Solving the multiple instance problem with axis-parallel rectangles[J]. Artificial intelligence, 1997, 89(1-2):31-71.

[81] FOX C W, ROBERTS S J. A tutorial on variational bayesian inference[J]. Artificial intelligence review, 2012, 38(2):85-95.

[82] SOHN K, LEE H, YAN X. Learning structured output representation using deep conditional generative models[C]//Advances in neural information processing systems, 2015: 3483-3491.

[83] WILLIAMS R J. Simple statistical gradient-following algorithms for connectionist reinforcement learning[J]. Machine learning, 1992, 8(3-4):229-256.

[84] WEAVER L, TAO N. The optimal reward baseline for gradient-based reinforcement learning[J]. arXiv preprint arXiv, 2013: 1301.2315.

[85] ZITNICK C L, DOLLÁR P. Edge boxes: Locating object proposals from edges[C]//European conference on computer vision. Berlin: Springer, 2014: 391-405.

[86] LIU W, ANGUELOV D, ERHAN D, et al. Ssd: Single shot multibox detector[C]//European conference on computer vision. Berlin: Springer, 2016: 21-37.

[87] LU J, YANG J, BATRA D, et al. Hierarchical question-image co-attention for visual question answering[C]//Advances in neural information processing systems, 2016: 289-297.

[88] BAHDANAU D, CHO K, BENGIO Y. Neural machine translation

by jointly learning to align and translate[J]. arXiv preprint arXiv, 2014: 1409.0473.

[89] SCHUSTER M, PALIWAL K K. Bidirectional recurrent neural networks[J]. IEEE transactions on Signal Processing, 1997, 45(11):2673-2681.

[90] BA J, MNIH V, KAVUKCUOGLU K. Multiple object recognition with visual attention[J]. arXiv preprint arXiv, 2014: 1412.7755.

[91] LIU J, WANG L, YANG M H. Referring expression generation and comprehension via attributes[C]//Proceedings of the IEEE International Conference on Computer Vision, 2017: 4856-4864.

[92] ZHUANG B, WU Q, SHEN C, et al. Parallel attention: A unified framework for visual object discovery through dialogs and queries[C]//Proceedings of the IEEE Conference on Computer Vision and Pattern Recognition, 2018: 4252-4261.

[93] LIN T Y, MAIRE M, BELONGIE S, et al. Microsoft coco: Common objects in context[C]//Proceedings of the European Conference on Computer Vision (ECCV). Berlin: Springer, 2014: 740-755.

[94] PENNINGTON J, SOCHER R, MANNING C D. Glove: Global vectors for word representation[C]//Proceedings of the 2014 conference on empirical methods in natural language processing (EMNLP), 2014: 1532-1543.

[95] REN S, HE K, GIRSHICK R, et al. Faster r-cnn: Towards real-time object detection with region proposal networks[C]//Advances in neural information processing systems, 2015: 91-99.

[96] HU R, ANDREAS J, ROHRBACH M, et al. Learning to reason: End-to-end module networks for visual question answering[C]//Proceedings of IEEE International Conference on Computer Vision, 2017: 804-813.

[97] GLOROT X, BENGIO Y. Understanding the difficulty of training deep feedforward neural networks[C]//Proceedings of the thir-

teenth international conference on artificial intelligence and statis-
tics, 2010: 249-256.

[98] GUMBEL E J. Statistical theory of extreme values and some practi-
cal applications: a series of lectures: volume 33 [M]. Washing-
ton: US Government Printing Office, 1954.

[99] JANG E, GU S, POOLE B. Categorical reparameterization with
gumbelsoftmax[J]. arXiv preprint arXiv, 2016: 1611.01144.

[100] MADDISON C J, MNIH A, TEH Y W. The concrete distribu-
tion: A continuous relaxation of discrete random variables[J].
arXiv preprint arXiv, 2016:1611.00712.

[101] DE VRIES H, STRUB F, CHANDAR S, et al. Guesswhat?!
visual object discovery through multi-modal dialogue[C]//Pro-
ceedings of the IEEE Conference on Computer Vision and Pat-
tern Recognition, 2017: 5503-5512.

[102] HUANG D A, BUCH S, DERY L, et al. Finding "it": Weak-
ly-supervised reference-aware visual grounding in instructional
videos[C]//Proceedings of the IEEE Conference on Computer
Vision and Pattern Recognition, 2018: 5948-5957.

[103] RAMANATHAN V, JOULIN A, LIANG P, et al. Linking peo-
ple in videos with "their" names using coreference resolution
[C]//Proceedings of European Conference on Computer Vision.
Berlin: Springer, 2014: 95-110.

[104] ROHRBACH A, ROHRBACH M, TANG S, et al. Generating
descriptions with grounded and co-referenced people[C]//Pro-
ceedings of the IEEE Conference on Computer Vision and Pat-
tern Recognition, 2017: 4979-4989.

[105] KONG C, LIN D, BANSAL M, et al. What are you talking a-
bout? text-to-image coreference[C]//Proceedings of the IEEE
Conference on Computer Vision and Pattern Recognition, 2014:
3558-3565.

[106] ANDREAS J, ROHRBACH M, DARRELL T, et al. Neural

module networks[C]//Proceedings of the IEEE Conference on Computer Vision and Pattern Recognition, 2016: 39-48.

[107] ANDERSON P, HE X, BUEHLER C, et al. Bottom-up and top-down attention for image captioning and visual question answering[C]//Proceedings of the IEEE Conference on Computer Vision and Pattern Recognition, 2018: 6077-6086.

[108] HE K, ZHANG X, REN S, et al. Deep residual learning for image recognition[C]//Proceedings of the IEEE Conference on Computer Vision and Pattern Recognition, 2016: 770-778.

[109] TENEY D, ANDERSON P, HE X, et al. Tips and tricks for visual question answering: Learnings from the 2017 challenge [C]//Proceedings of the IEEE Conference on Computer Vision and Pattern Recognition, 2018: 4223-4232.

[110] KINGMA D P, BA J. Adam: A method for stochastic optimization[J]. arXiv preprint arXiv, 2014:1412. 6980.

[111] SIMONYAN K, ZISSERMAN A. Very deep convolutional networks for largescale image recognition[J]. arXiv preprint arXiv, 2014: 1409. 1556.

[112] TANG K, ZHANG H, WU B, et al. Learning to compose dynamic tree structures for visual contexts[C]//Proceedings of the IEEE Conference on Computer Vision and Pattern Recognition, 2019: 6619-6628.

[113] TENEY D, HENGEL A V D. Zero-shot visual question answering[J]. arXiv preprint arXiv, 2016: 1611.05546.

[114] AGRAWAL A, KEMBHAVI A, BATRA D, et al. C-vqa: A compositional split of the visual question answering (vqa) v1. 0 dataset[J]. arXiv preprint arXiv, 2017: 1704.08243.

[115] ROBINS J M. Semantics of causal dag models and the identification of direct and indirect effects[M]. London: Oxford University Press, 2002.

[116] PEARL J. Interpretation and identification of causal mediation

[J]. Psychological methods, 2014, 19(4):459.

[117] PEARL J. Causality: models, reasoning and inference: volume 29[M]. Berlin: Springer, 2000.

[118] PEARL J, MACKENZIE D. The book of why: the new science of cause and effect[M]. Basic Books, 2018.

[119] CADENE R, BEN-YOUNES H, CORD M, et al. Murel: Multimodal relational reasoning for visual question answering[C]// Proceedings of the IEEE Conference on Computer Vision and Pattern Recognition, 2019: 1989-1998.

[120] KIROS R, ZHU Y, SALAKHUTDINOV R R, et al. Skip-thought vectors[C]//Advances in neural information processing systems, 2015: 3294-3302.

[121] BEN-YOUNES H, CADENE R, THOME N, et al. Block: Bilinear superdiagonal fusion for visual question answering and visual relationship detection[J]. arXiv preprint arXiv 2019: 1902.00038.

[122] GAN Z, CHENG Y, KHOLY A E, et al. Multi-step reasoning via recurrent dual attention for visual dialog[J]. arXiv preprint arXiv, 2019: 1902.00579.

[123] SCHWARTZ I, YU S, HAZAN T, et al. Factor graph attention [C]//Proceedings of the IEEE Conference on Computer Vision and Pattern Recognition, 2019: 2039-2048.

[124] WANG P, WU Q, CAO J, et al. Neighbourhood watch: Referring expression comprehension via language-guided graph attention networks[C]//Proceedings of the IEEE Conference on Computer Vision and Pattern Recognition, 2019: 1960-1968.

[125] XU D, ZHU Y, CHOY C B, et al. Scene graph generation by iterative message passing[C]//Proceedings of the IEEE Conference on Computer Vision and Pattern Recognition, 2017: 5410-5419.

丛书跋

2006 年,中国计算机学会(简称 CCF)创立了 CCF 优秀博士学位论文奖(简称 CCF 优博奖),授予在计算机科学与技术及其相关领域的基础理论或应用基础研究方面有重要突破,或在关键技术和应用技术方面有重要创新的中国计算机领域博士学位论文的作者。微软亚洲研究院自 CCF 优博奖创立之初就大力支持此项活动,至今已有十余年。双方始终维持着良好的合作关系,共同增强 CCF 优博奖的影响力。自创立始,CCF 优博奖激励了一批又一批优秀年轻学者成长,帮他们赢得了同行认可,也为他们提供了发展支持。

为了更好地展示我国计算机学科博士生教育取得的成效,推广博士生科研成果,加强高端学术交流,CCF 委托机械工业出版社以 "CCF 优博丛书" 的形式,全文出版荣获 CCF 优博奖的博士学位论文。微软亚洲研究院再一次给予了大力支持,在此我谨代表 CCF 对微软亚洲研究院表示由衷的感谢。希望在双方的共同努力下，"CCF 优博丛书"可以激励更多的年轻学者做出优秀成果，推动我国计算机领域的科技进步。

唐卫清

中国计算机学会秘书长

2022 年 9 月